JN187340

Frontiers in Physics 11

光誘起構造相転移

光が拓く新たな物質科学

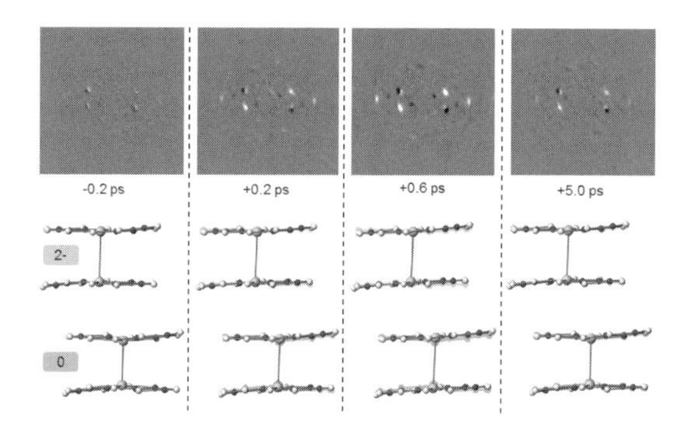

腰原伸也
TADEUSZ M. LUTY [著]

基本法則から読み解く **物理学最前線**

11

須藤彰三
岡　　真 [監修]

共立出版

刊行の言葉

近年の物理学は著しく発展しています．私たちの住む宇宙の歴史と構造の解明も進んできました．また，私たちの身近にある最先端の科学技術の多くは物理学によって基礎づけられています．このように，人類に夢を与え，社会の基盤を支えている最先端の物理学の研究内容は，高校・大学で学んだ物理の知識だけではすぐには理解できないのではないでしょうか．

そこで本シリーズでは，大学初年度で学ぶ程度の物理の知識をもとに，基本法則から始めて，物理概念の発展を追いながら最新の研究成果を読み解きます．それぞれのテーマは研究成果が生まれる現場に立ち会って，新しい概念を創りだした最前線の研究者が丁寧に解説しています．日本語で書かれているので，初学者にも読みやすくなっています．

はじめに，この研究で何を知りたいのかを明確に示してあります．つまり，執筆した研究者の興味，研究を行った動機，そして目的が書いてあります．そこには，発展の鍵となる新しい概念や実験技術があります．次に，基本法則から最前線の研究に至るまでの考え方の発展過程を"飛び石"のように各ステップを提示して，研究の流れがわかるようにしました．読者は，自分の学んだ基礎知識と結び付けながら研究の発展過程を追うことができます．それを基に，テーマとなっている研究内容を紹介しています．最後に，この研究がどのような人類の夢につながっていく可能性があるかをまとめています．

私たちは，一歩一歩丁寧に概念を理解していけば，誰でも最前線の研究を理解することができると考えています．このシリーズは，大学入学から間もない学生には，「いま学んでいることがどのように発展していくのか？」という問いへの答えを示します．さらに，大学で基礎を学んだ大学院生・社会人には，「自分の興味や知識を発展して，最前線の研究テーマにおける"自然のしくみ"を理解するにはどのようにしたらよいのか？」という問いにも答えると考えます．

物理の世界は奥が深く，また楽しいものです。読者の皆さまも本シリーズを通じてぜひ，その深遠なる世界を楽しんでください．

須藤彰三

岡　真

前書き

物質科学やその基礎を構成する物性物理学，物理化学は，豊かな物質的文化の果実を人類にもたらしてきた．今日まで，人類よって創り出されてきた各種機能を持った材料の主要部分は，安定した物質の構造（化学結合や結晶構造）のもとにあることが基本とされてきた．従来型の物質を利用した各種デバイス設計では，この考え方が十分に有効な指導原理であった．が，その反面で，物質が秘めている，時間とともに変化し揺らぐ構造とそれに伴う物性の協奏的な変化（協同現象）を見通して活用することは困難となるきらいがあった．この概念的，理念的限界を突破するべく，「変化」し「揺らいでいる」物質の構造とそれに伴うエネルギー状態の変化が本質的な役割を担う場である「非平衡状態」における物質の特性や，その発現機構解明を行おうとする，「非平衡物質科学」とも呼べる新規な物質科学領域の創出の試みが今まさに始まっている．特にこの非平衡状態を出現するきっかけとして物質に対する光励起を利用し，それによる物性変化の機構をナノスケール・オングストロームスケールの分解能を持った観測手法で理解し，制御しようとする試みが，主題である「光誘起構造相転移」現象の研究である．

本書ではまず，なるべく式を使わずに，「光誘起相転移」という新しい概念を生み出した理論的，実験的背景を紹介する．それに続き新概念を具体化するための，物質開発，観測技術，その結果の理論解析という２人３脚ならぬ３人４脚での共同研究が立ち向かった困難と悪戦苦闘ぶりを解説する．そして最後に，新観測技術による実験がもたらした「光誘起相転移」現象研究の新しい突破口と，その最新データについても紹介する．学際的な新しい分野を切り開く，スリルに満ちた分野融合的研究の試みをお楽しみいただければ，著者としてこれに勝る喜びは無い．

2016 年 9 月　　　　腰原伸也・Tadeusz Michał Luty

目　次

第1章 はじめに

物質科学やその基礎を構成する物性物理学，物理化学は，豊かな物質的文化を人類にもたらしてきた．その物質科学にも今まさに，1つの転機が訪れようとしている．それは日進月歩の情報技術の発展に伴う情報量と情報処理速度の増大に対処するための高密度・超高速の情報処理技術の開発や，エネルギー利用技術の効率化，環境対策など多くの問題を解決するためには，既存の材料設計方針だけに頼るのは無理であり，従来に無い物質開拓のための新しい基礎的方針が不可欠の事態となったことである．今日まで，物質科学によって創り出されてきた膨大な種類の各種機能材料の主要部分は，平衡状態下での均一な構造を基盤としており，その枠組みにより規定される物性が基本特性を決定している．そこでは静的に安定した物質の構造（化学結合や結晶構造）のもと，時間的な全エネルギーの大きな変動もなく，等重率原理 (principle of equal a priori probabilities) と（古典的，量子的）分布関数 (distribution function) に従うエネルギー状態分布が基本的な概念とされてきた（著者の学生時代には，加えてエルゴード性 (ergodicity) が基本的概念と教わってきたが，昨今ではこの点に大幅な変更が加えられつつある [1]）．従来型の物質を利用した各種デバイス設計では，この考え方が十分に有効な指導原理であった．がその反面で，この考え方の有用性ゆえに，物質が秘めている，時間とともに変化し揺らぐ構造とそれに伴うエネルギー状態（例えば物質系の自由エネルギー (free energy)）の変化や構造，磁気的状態との協奏的な変化（協同現象），さらにはそれがもたらす多彩な物性の変化の可能性を見通すことを，ともすれば困難にしてきた．

この障害を乗り越えるべく，「変化」し「揺らいでいる」物質の構造とそれに伴うエネルギー状態の変化が本質的な役割を担う場である「非平衡状態」における物質の特性や，その発現機構解明を行おうとする，「非平衡物質科学」とも呼べる新規な物質科学領域の創出の試みが，理論的可能性の指摘に続き [2–4],

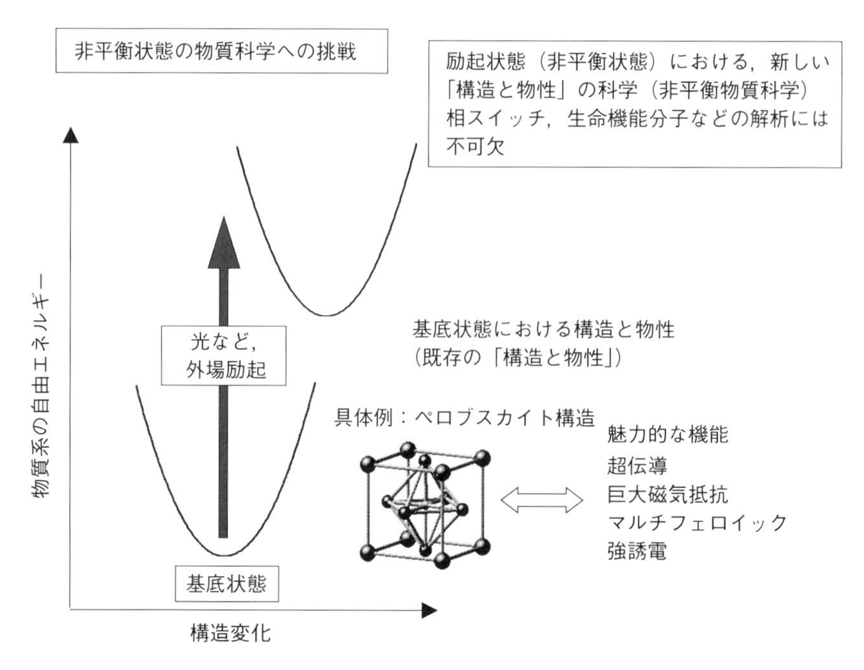

図 1.1　平衡状態下での均一な構造を基盤とした従来の物質科学と，「変化」し「揺らいでいる」物質の構造とそれに伴うエネルギー状態の変化が本質的な役割を担う場である「非平衡状態」を基盤とする物質科学の違いの概念図 [6].

実験面でも今まさに始まっている（図 1.1 参照）[4–7]．特にこの非平衡状態を出現させるきっかけとして，物質に対する光励起を利用し，それによる物性変化の機構をナノメートル (nm) スケール・オングストローム (Å) スケールの検索法で理解し，制御しようとする試みの 1 つが本書の主題とする「光誘起構造相転移 (photoinduced structural phase transition)」である．もちろん，光による分子構造の変化を探求し，その基礎反応機構を追及する分野として，光化学 (photochemistry) が長い歴史を持っている．ただ，その主要な研究対象は，単独の分子や電子軌道などの局所的な変化の研究に焦点を合わせたものであった．この点で光誘起構造相転移の研究は，後述のように構成分子・原子間の協力的，協同的な相互作用 (cooperative interaction) によって生み出されるエネルギー状態の多重安定性 (multistability) と，その間を移ろってゆく相転移ダイナミクス（本書では変化の増幅，局所変化からマクロ状態変化への増殖，緩和などを幅広く包含する用語として用いていることをご承知いただきたい）を積極的に利用するものとして大きく異なっており，視点を変えれば従来の光化学分野にとってもその対象を大きく拡張する新概念の提案となっていることにご注意いただきたい．

「相転移 (phase transition)」「協同現象 (cooperative phenomena)」というキーワード自体は，磁性体や誘電体における強磁性 (ferromagnetism)，強誘電性 (ferroelectricity) の発現を典型例として，古からの物理学の研究対象として重要な地位を占めてきた．またその現象を説明するために，巨視的な秩序変数（各種物性量，物理パラメータ）(order parameter) の変化に伴って，物質全体の断熱ポテンシャルエネルギー (adiabatic potential energy) がどのように変化するか，という図 1.2 のような考え方が用いられてきた．物質内部に存在するミクロな協力的相互作用によって，エネルギー的に安定となる可能性のある秩序変数の状態が複数存在し（多重安定性），そのうちの最もエネルギーの低く安定な状態が基底状態として実現していることとなる（例えば図 1.2 の場合状態 1）．そして外場変化に応じて最低エネルギーとなる状態が入れ替わる結果（図 1.2 破線），対応する秩序変数が変化しこれらの物質の性質（物性）が，温度や磁場，電場といった外部環境の変化とともに，大きな結晶全体にわたって（巨

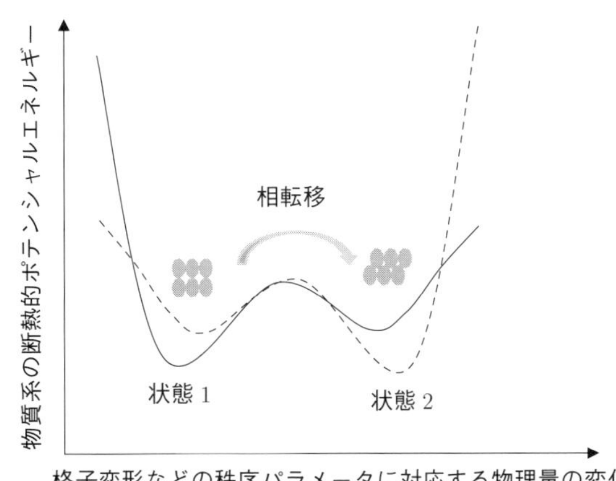

図 1.2 相変化の基本的な考え方の概念図．物質内のミクロな相互作用に起因する巨視的な秩序変数（各種物性量，物理パラメータ）の変化に伴う物質全体の断熱ポテンシャルエネルギー変化が，物質の巨視的な状態（相）を規定する．

視的スケール）劇的に変化するのである．その様子や，その利用方法の多彩さは，基礎・応用の両面で人々を魅了してきた．今日に至るも，超高密度の磁石の性質を利用するハードディスク開発，超小型で高周波電磁波に応答できるコンデンサーチップの開発，といった応用展開を目指した物質開発競争が世界的な規模で競われ，マスコミをも賑わせている．このような応用上も重要な現象，それも全く異なる種類の物性の背後に共通して横たわっているものとして注目されてきたのが，「協力的相互作用」という考え方である．

相転移現象は極簡略的に考えれば，秩序化を促す協力的相互作用とそれを妨げる揺らぎの競合のバランスにより生ずる，様々な秩序状態間のエネルギー差（エネルギー多重安定性とも呼ばれる）によって支配される現象であり，強誘電性，強磁性，強弾性，超伝導性，金属性，絶縁性などの幅広い物性に関係したものだけでなく，宇宙の創生から社会現象に至るまで様々な形で出現する．もちろん本書では，物質系が示す構造相転移に議論を集中するのであるが，例えば磁性体の場合を考えてみよう．その基本構成要素である磁性中心（遷移金属イオンなど）が持つスピンの間，特に隣接するものの間に働く交換相互作用 (exchange interaction)J が協力的相互作用を担っていると考えられている．式 (1.1) は位置 i と j にあるスピン S_i と S_j の間の交換相互作用に基づくエネルギーを表している．

$$-JS_iS_j \tag{1.1}$$

$$H = \sum_{\langle ij \rangle}(-JS_iS_j) \tag{1.2}$$

J の符号が正の場合，位置 i と j のスピン (S_i, S_j) の向きを同方向に揃えようとする相互作用となり（強磁性 (ferromagnetic) 相互作用：図 1.3(a)），負であれば反対向きに揃えようとする（反強磁性 (antiferromagnetic) 相互作用：図 1.3(b)）こととなる．そしてこの局所的スピン間の相互作用の総和であるハミルトニアン（H：式 (1.2)，なお $\langle ij \rangle$ は全ての隣接するスピンの位置の組み合わせについて和をとることを表している）が，この物質系の特性を支配することとなる．すなわち相互作用が，熱的要因や外場刺激によって揺らぐ効果を上回るほどに大きい場合は，物質内のスピンが秩序化し，前者の場合には強磁性体が，後者の場合には反強磁性体が出現することとなる．光励起によって，例えばこの相互作用 J の大きさ，場合によってはその符号を変えることができれば（図 1.3(c)），まさにスピン秩序状態の非秩序–秩序化スイッチングのみならず，場合によって

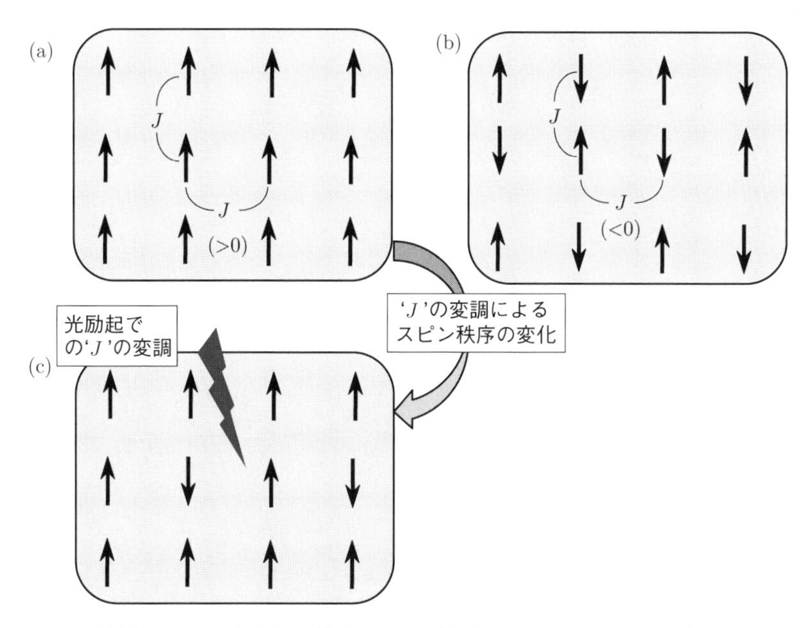

図 1.3 磁性体における相転移の模式図．基本構成要素である磁性中心（遷移金属イオンなど）が持つスピンの間，特に隣接するものの間に働く交換相互作用 J（ミクロな相互作用）の大きさ，符号が，巨視的な磁気秩序やその発現する温度を決定する．

は基底状態（熱平衡状態 (thermal equilibrium state)）では困難な，磁性体の性質の変更すら可能となるであろう．さらに他の協力的相互作用の種類に，このような考え方を拡張できれば，誘電性，金属性など多種多様な相転移の光制御が可能となるかもしれない [8–10]．

光誘起相転移という現象を考える上で，協力的相互作用というミクロメカニズムで生み出される，「状態エネルギーの多重安定性」という通常の相転移とも共通する視点に加えて，非平衡状態 (nonequilibrium state) での現象特有の「相転移ダイナミクス」（物質相の増殖 (multiplication, proliferation)，緩和 (relaxation) などさまざまな用語が対象とする現象に対応して用いられているが，本書ではこの用語で以後代表する）という視点が，基本的に重要なもう 1 つの視点となる．この 2 番目の視点に関しては，図 1.4 に示すように，光励起状態という，通常の基底状態での断熱ポテンシャルとは全く異なる状態での相互作用や，エネルギー緩和現象，さらには通常の平衡状態の断熱ポテンシャルでは期待できない

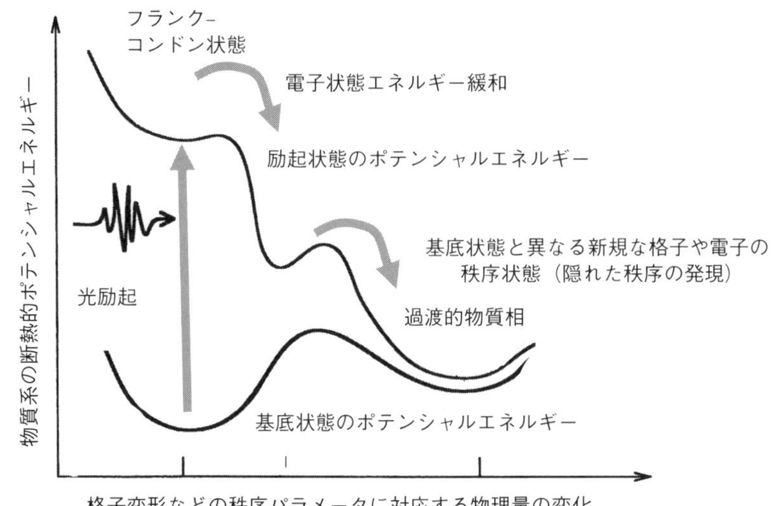

図 1.4　光誘起相転移に伴う断熱的ポテンシャルエネルギー変化の模式図．光励起状態という，通常の基底状態での断熱ポテンシャルとは全く異なる状態での相互作用や，エネルギー緩和現象，さらには通常の平衡状態の断熱ポテンシャルでは期待できない（隠れた），新しい秩序状態（過渡的物質相）が光誘起相転移の過程で発現すると期待されている [4,8,9]．

（隠れた (hidden)），新しい秩序状態（過渡的物質相）が光誘起相転移の過程で発現すると期待されている [8]．このため，非平衡相転移動力学という形で，最近になって広く物理や化学など基礎分野から各種デバイス開発の研究者まで多くの研究者の関心を集めている．これは，最新の量子ビーム技術を駆使した新観測法を用いて，以下に示す 2 つの研究が光誘起相転移現象を用いて可能になると期待されるためでもある．

(1) 近年発達の著しいレーザー分光の手法を用いて，ドメインの生成，発達（物質相の増殖過程とも呼べる）を，固体内のフォノン振動周期以下の 100 フェムト秒（10^{-13} 秒）程度の正確さで，非接触に観察することが可能となる．言い換えると，相転移の素過程とも呼べるミクロな協力的相互作用が媒介する相転移の進行過程（物質相の増殖過程）に関しては，従来はそのエネルギースペクトルの解析を行うしかアプローチの手段がなかったのであるが，まさにこのスペクトルをフーリエ変換した，時間スケールでの直接観測が可能なところまで，今日の観測技術は到達しつつある．

(2) 励起波長を変化させて励起状態を選択することにより，相転移の方向や転移に必要な光強度を選択的に制御することも可能となる．つまり物質の励起状態が持ち合わせる自由度 (degree of freedom)（スピン（磁性），電荷，電子軌道など）を，特定の励起状態に共鳴する波長，強度の励起光を幅広く（テラヘルツ (THz) 電磁波領域から極端紫外，軟 X 線域まで）準備することが可能な段階に，今日の光源技術が至ろうとしている．

著者は 25 年間程，このような「光で相転移を制御する（光誘起相転移）」という夢物語を実現できるか，という実証的研究に従事してきた．その結果，構造的，誘電的，磁気的相転移が，光励起をきっかけとして起きることを，共役ポリマー，電荷移動錯体，無機半導体，遷移金属錯体など数多くの物質系で発見することができた．もちろん光誘起相転移物質の研究では，（図 1.5 に最大の歯車で示すように）物質に内在している協力的相互作用のミクロ機構を，まずは基底状態（平衡状態）において理解することが必要不可欠である．そして理論家と実験家の密接な協力のもと，光励起という特殊なエネルギーの付与によっ

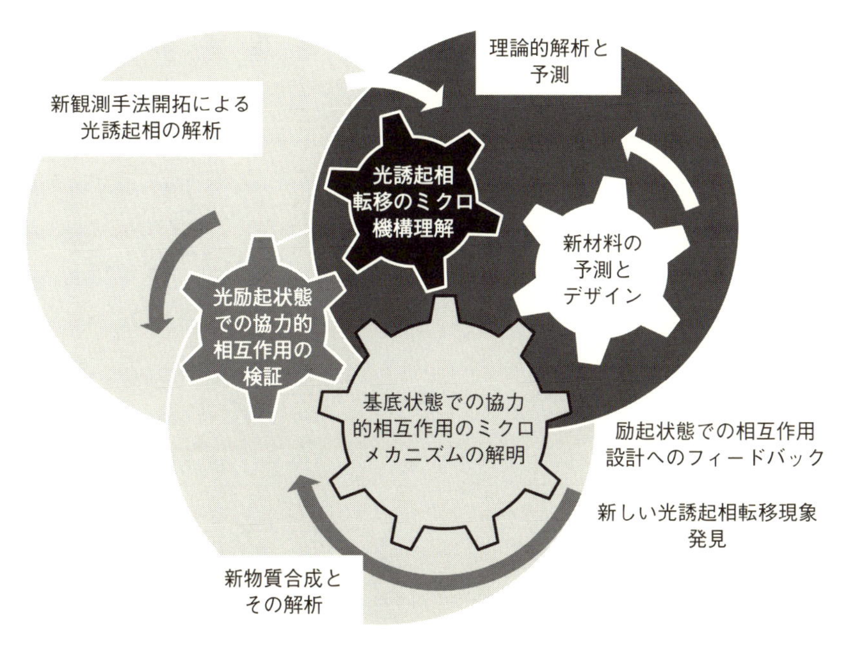

図 1.5　光誘起相転移の研究に必然的に要請される，各分野の協力関係の概念図．

てそのミクロ機構にどのような変化が期待できるか，具体的な物質例に即した光誘起相の解析手法開拓も含めて実証し（図 1.5 左側歯車），さらにはそのミクロ機構を解析（最上部の歯車）し，予測（右側歯車）をすることが研究推進の基本となる．その上で平衡状態とは違った光励起状態（非平衡状態）での特性を引き出すための新しい物質設計を，こんどは合成化学をはじめとする，物質創成を専門とする分野の研究者と行う必要がある（右側歯車と最大歯車との噛み合わせ）．このために理論物理から合成化学まで，実に多彩な分野のまさに「協力的相互作用」の歯車が軋みなく回ることが，図 1.5 に示すように，光誘起相転移の研究には必然的に要請されることとなる．本書では，構造変化を伴う光誘起相転移を中心に，「物質状態エネルギーの多重安定性」と「相転移ダイナミクス」という，ミクロな協力的相互作用が生み出す 2 つの特徴的な概念を基軸に，光誘起相転移発現に伴う特徴的現象を俯瞰することを目的としている．この目的に沿って，第 2 章以後では図 1.6 に示すような，「(a) 超高速巨大光学特性変化」や「(b) 励起強度への非線形応答（閾値特性）」，「(c) 相分離ダイナミクス」といった光誘起相転移に伴う特徴的現象の実例を説明し，その背後に超高速の構造変化が働いていることを紹介する．

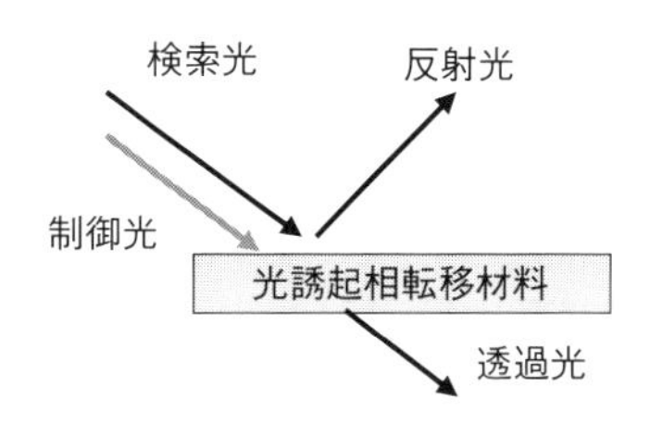

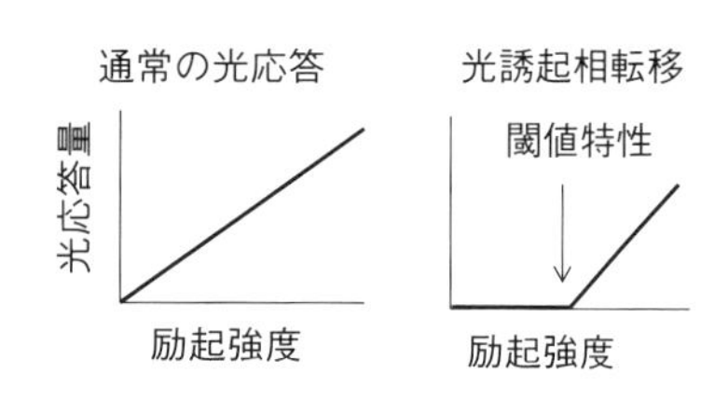

制御光パルスの有無で，検索光に対する物質の光学特性（反射率，透過率）がフェムト秒域で超高速に変化．この結果，反射光や透過光強度が極度に変調される．

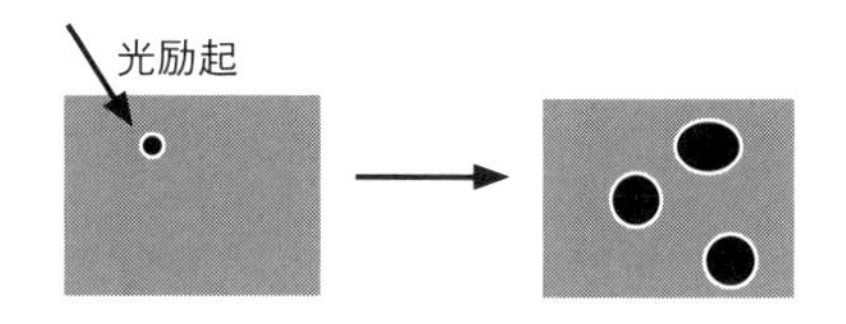

図 1.6　光誘起相転移に伴う特徴的現象の実例．

なお，光誘起相転移という用語の用い方であるが，厳密には光励起で生み出された新物質相が長時間安定であることが相の定義として妥当である．このため，光励起をきっかけとする極めて大きな揺らぎの発生，生み出された新状態が極めて短寿命で元の状態に戻ってしまう場合（この場合には「相 (phase)」という呼び名自体に関しても「状態 (state)」と呼ぶ方が適切と考える読者もおられるとは思うが）など，相転移発現の前駆現象も含めた，より広範な概念として，「光誘起協同現象 (photoinduced cooperative phenomena)」という言葉が使われる場合もある．一方で，この広範な概念も合わせて「光誘起相転移 (photo-induced phase transition)」と称される場合もある．創始間もない分野の特徴とも言えるが，用語の定義は多少曖昧であるのが現状であることは読者諸氏のご容赦をいただきたい．本書では，過渡的な不安定相の光注入など，相転移の前駆現象も含めて「光誘起相転移」という表現を使うこととする．また本書では，協力（的）相互作用という用語と，それに基づく協同現象という用語が用いられているが協力と協同の使い分けは慣用的なものであり，ほぼ同じ意味で用いていることを御了解いただきたい．

本章を終えるにあたって最後に駄文を付け足させていただく．概観したように，光誘起相転移の研究は今日では多くの分野が関係する大きな枠組みとして発展しつつある．しかしながら，そのきっかけは大げさなものでは決してない．30 年前の秋の深夜，大学の裏の安い寿司屋で，出始めたばかりの某社ビールを味見飲みしながら，当時の研究室の上司も含めた数人の研究者で「磁場や電場で制御できる相転移が光で制御できないわけはない，同じ外場ではないか」と盛り上がった（気合を入れられた？）．翌日酔いが醒め，視点を変えて研究室をよく見回すと，実はその候補に溢れているどころか，卒論や修論の一部の学生諸君は，その片鱗を示すデータを出しつつあったことに衝撃を受けた．視点の転換というものが極めて難しい，しかしそこを乗り越えさせてくれる仲間・ライバルとの「盛り上がり」の重要さを骨身にしみて感じた次第である．ぜひ読者諸氏も，思いもかけない宝物に出会える「盛り上がり」（もちろんビールを飲むのがその唯一の手段ではないとは愚考するが）を大切に楽しんでいただきたい．

第2章 物質の中の自由度とその光制御—光励起構造相転移に期待される特徴とその理論的背景—

2.1 光励起構造相転移に期待される特徴（現象面）

揺らぎが内在する物質中で，厖大な数の原子と電子が互いに相互作用することにより生まれる多彩な状態が，凝縮系物質の性質を決める．そして原子や電子の多体効果である協同現象や物質の微視的構造から巨視的構造に至る多階層性が，物性の多様性を演出していることは前章で触れたとおりである．ここで重要となるのは，マクロな物性として現れる電気的，磁気的，誘電的，光学的，熱的性質などの多彩な物性は，電子の持っている自由度（電荷，スピン，電子軌道）やその組み合わせがもたらしている点である．例えば電荷とその動きによって伝導性が支配され，スピンとそのダイナミクスが磁性を生み出し，構成原子の電子軌道が物質構造を決めている．さらには電荷と結合構造の組み合わせがもたらしているのが誘電性である．これらの物性は物質を構成する電子が共通して生み出すものであるため，必然的に，その大きさは別にして相互に相関を，とりわけ物質構造との相関を持つこととなる．例えば，電子の状態が異なれば，結合構造も変化する（ないしその逆）こととなり，これに起因する相互作用は電子–格子相互作用 (electron-lattice interaction) と呼ばれる（図 2.1）．この電子–格子相互作用は様々な種類に分類されるが，とりわけ電子とフォノンの相互作用が強く表れる場合について，今日に至るまで精力的に研究が進められている [11–14]．それはこの電子–フォノン（電子–格子）相互作用が超伝導状態における電子の対形成機構やパイエルス転移などの起源となることが知られているためである [11]．この相互作用に源を発するポリアセチレン（図 2.2(a),(b)）など共役ポリマーにおけるソリトン (soliton) の運動などによる新しい伝導機構（図 2.2(c)）は，従来のバンド構造に基づいて解釈される無機半導体のそれとは異なるものとして注目され [11,14]，白川英樹博士のノーベル賞受賞となったこ

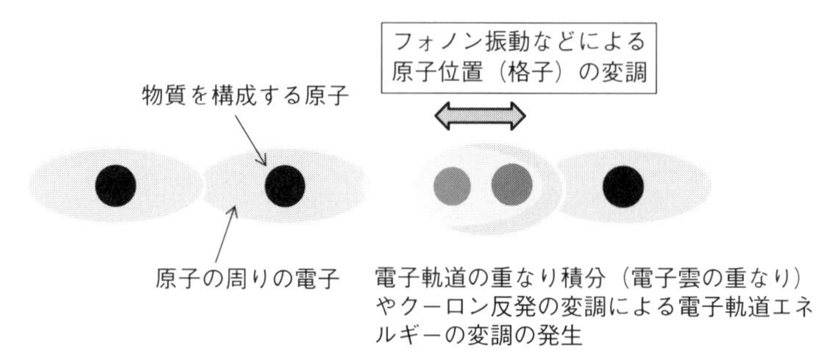

図 **2.1**　相転移の原動力となるミクロ相互作用の 1 つでもある，電子–格子相互作用の概念的説明．

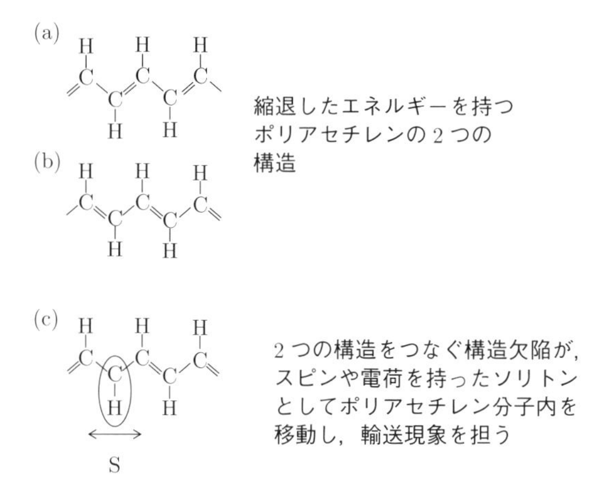

図 **2.2**　電子とフォノンの相互作用に源を発する新しい伝導機構の例．ここでは共役ポリマーであるポリアセチレンにおけるソリトンの運動を例として示す [11, 14]．

とは記憶に新しい．また電子はスピンを持っている以上，スピン–格子相互作用の形で現れる場合もあり，スピンクロスオーバー (spin crossover) 現象（図 2.3）などの新奇な磁性現象の起源として現在盛んに議論が行われている [15]．

このような凝縮系において，光で電子状態を変化させ，物質に内在する協力的相互作用である電子間の相関，スピン間（交換）相互作用などを通じて物質の光学特性，伝導性，磁性に巨視的変化を引き起こす点に，光誘起相転移現象の面白さがある．さらに，前述の電子–格子相互作用などを通じて，この変化を

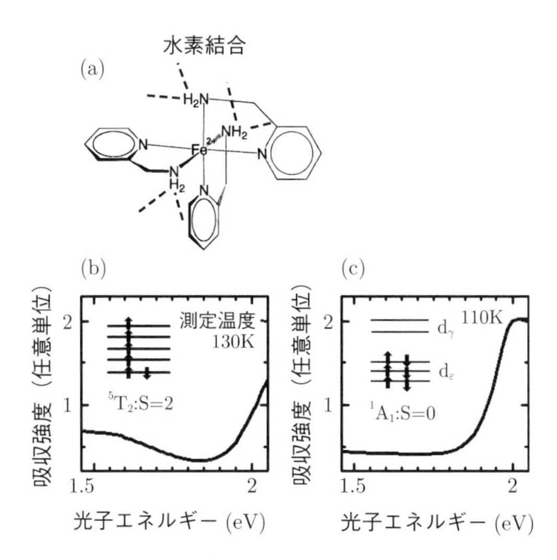

図 2.3 電子–格子相互作用が，スピン–格子相互作用の形で現れる場合の具体例．ここではスピンクロスオーバー現象を示す [15].

きっかけに物質構造自体を揺らがせて，構造全体の変化にまで至らせ，それを利用してより敏感な新しい光誘起相転移系を生み出したり，光による誘電性のスイッチングにまで至ろうとする点に，「光誘起構造相転移」の狙いはある．

さてここまで物質に内在する電子の特性を反映した各種協力的相互作用の利用という側の視点，言い換えれば物質側の視点から「光誘起構造相転移」を探求する理由を述べてきた．このような現象を観測するための手段である「光」科学の視点からみても「光誘起構造相転移」の魅力はあるのであろうか？わざわざ光励起を利用した非平衡状態の創成と相転移研究を行おうとしている理由はどこにあるであろうか？次にこの点を議論したい．

光（電磁波）(photon) は，(1) 光子のエネルギー（周波数），(2) 偏光（縦と横の 2 種の偏光），(3) コヒーレンスという 3 つの主要特性を持っており，現代の電磁波技術は，超長波から X 線まで，実に幅広い波長領域（キロメートル (km) からピコメートル (pm: 10^{-12} m)）の領域での発生や検出を可能としている．特に 3 番目の性質は，レーザー光などの光の位相制御技術がその極限に至ることで可能となったものである．この特性を利用して，相対位相が揃った様々な波長の光を重ね合わせることで，短パルスの発生が確認されている．近年ではその短パルス化技術は高度に発展し，1 フェムト秒（fs: 10^{-15} 秒）以下の極限的短時間幅のパルス光発生すら，比較的小型の装置（実験室の机上サイズ）で可能となりつつある [16].

この短パルス光の時間幅が，物質と光の相互作用にとって大変重要な意味を持つところにまで，近年の光・量子ビーム技術は到達しつつある（図 2.4）．物質に内在する協力的相互作用は，一種のばね定数であり，これが決める各種量子的振動が，物質中の励起状態（素励起）のエネルギーを決めることとなる．例えば物質中のフォノンの周波数は構成原子の重さと結合強度で決まることとなるが，おおよそその振動の 1 周期が数ピコ秒〜数フェムト秒の範囲にあることが知られている．つまり今日の光技術は，固体内のフォノンが 1 回振動するよりも短い間での光励起や各種観測を可能としているのである [17]．言い換えると，あるエネルギーが物質系に投入された後，物質の中の各種フォノンモードにエネルギーが分配され，ボルツマン分布など通常の分布関数の形になった平衡状態に物質系が達するのにかかるであろう時間（緩和時間）よりも短い時間で，励起・観測が可能となるのである．この超短パルス技術の発展が物質科学にもたらす衝撃は多大なものがある．なぜなら，単にエネルギーが各モードに分配されてゆく過程の観測が超高速で可能となるのみならず，等エネルギー状態をとる確率の均等性自体が成立しなくなる，つまりは平衡状態の物質科学の基本前提と大きく異なる世界での物性を観測によって実際に垣間見ることが

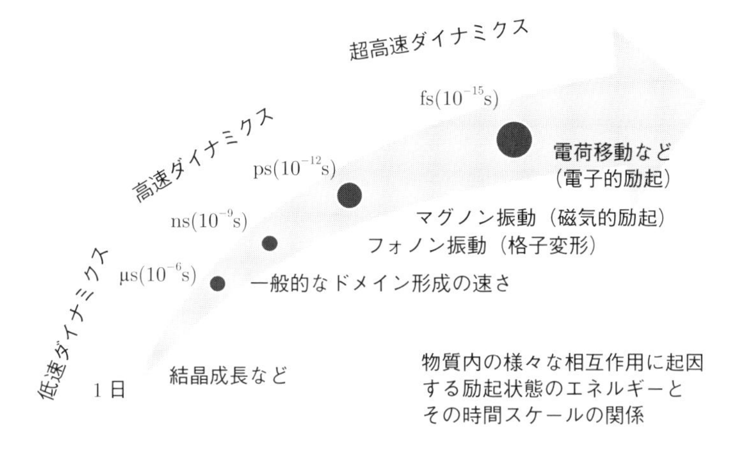

図 2.4　物質内の様々な相互作用に起因する励起状態のエネルギーとその時間スケールの関係.

できるためである．例えば，今，固体内の特定の協力的相互作用とそのエネルギースケールを反映した素励起 (elementary excitation) に注目しよう．このエネルギーに相当する光を物質系が吸収し，素励起を高密度に作ることができれば，その素励起の特性を反映した物性の変化（相転移）が起きる可能性がある．例えば磁気的励起であれば磁性相転移，電荷や構造変化の励起であれば，絶縁体–金属相転移や，誘電相転移が起きる可能性がある．通常の時間スケールではこれらの特定の素励起モードの高密度励起状態のエネルギーは，他のフォノンモードなどに散逸 (dissipation)，緩和してしまい，試料の温度上昇のみが観測されることになる．ところが，この散逸や緩和の時間スケールよりも十分に短い時間幅で物質にエネルギーを投入して，特定素励起の高密度状態を実現し，かつそれを散逸，緩和の起きる前に観測すれば，まさに狙った特定の物性変化が観測できる可能性があるのである．まさに「物質相の増殖過程」の直接観測が可能となりつつあるのである．

さらに前述のように，今日の光技術は，超短パルス光の中心波長を幅広い波長領域で設定しつつ，偏光も円偏光を用いた角運動量の変化制御はもちろん，光波面の精密制御によって，物質の軌道角運動量を制御する（トポロジカル光波，光渦などの用語で呼ばれている）ことすら可能としつつある [18]．このため，様々な種類の協力的相互作用の大きさとそれに対応する素励起のエネルギーや選択則に，超短パルス励起を共鳴させることが可能である．実際に，後の章で紹介するように，特定のフォノンモードの励起による，絶縁体–金属相転移の制御，励起波長の選択による光誘起相転移の方向性の制御などが実際に可能であることが続々と報告されている．さらに，圧力，磁場，温度などを変化させる平衡状態における通常の相図には表れない，「隠れた物質相 (hidden phase)」（図 1.4 参照）が，ピコ秒 (ps: 10^{-12} s) 程度の極短時間ではあるが出現することも確認されており，これらはまさに，光・量子ビーム技術と物質科学の二人三脚ともいえる協力の結果の進歩であり，この最先端の息吹を伝えることも，本書後半部の重要な目的である．

2.2 理論面から見た光誘起相転移現象の魅力

前章の最後でも述べたが，光誘起相転移という分野は実証研究そのものがまさに発展途上にある分野である．このことを反映して，理論面でも従来の統計力学などの枠組みでは（用語も含めて）包摂しきれないものが多々あり，それゆえに魅力がある分野ともなっている．そこで本節ではごく簡単に，光誘起相転移の考え方（理論的）の基本と，その背景となっている概念について解説する．読者諸氏が本書後半部や本シリーズの他巻，さらには他の光誘起相転移記事や論文を読まれる際の一助となれば幸いである．

2.2.1　4つの挑戦的課題

光励起によって物質に与えられるエネルギーは，局所的には温度と比較して非常に大きなものである（波長約 1.24 μm（赤外域波長に相当）の光子の持つエネルギーは約 1 eV であるが，温度 kT に直すと 10000 K 以上となる）．その与えられたエネルギーが，物質構成成分間の相互作用，とりわけ協力的な相互作用を介してどのように物質全体に分配されるのか（非平衡状態とエネルギー緩和という用語で呼ばれていることが多い），その過程で新しい秩序や構造が物質に出現するのか（相変化，相転移という用語で呼ばれることが多い），という基本的で新しい問題が光誘起相転移の登場によって提起されることとなった．第 1 章でも述べた「物質状態エネルギーの多重安定性」と「相転移ダイナミクス」という，ミクロな協力的相互作用が生み出す 2 つの特性がまさにクローズアップされることとなったのである．さらにはこの相互作用を設計して物質内の磁性のもととなるスピン，格子構造，さらには伝導現象の原因となる構成成分の持つ電荷など（物質内の自由度と呼ばれる）を制御することは可能なのか？という究極的光機能材料の設計概念につながる問題も同時に提起されることとなった．前記 2 つの視点を中心とする光誘起相転移の研究は，まさに発展しつつある非平衡状態の物理学にとって格好の題材とみなせることから，実証実験研究の登場と相前後して熱心な理論研究が展開されることとなった [19,20]．ただ「物質状態エネルギーの多重安定性」と「相転移ダイナミクス」という 2 つの視点は極めて広範なものであり，あまりに漠然としているため，実際には光誘起相転移の提起した課題を 4 つ程度に整理し語られることが多い．そこで，本章では以下に示す課題の 4 分類に従った基本的概念と用語の説明を改めて行うとともに，以後の章では対応する実験結果を，そのための観測装置の展開の歴史を軸として紹介を進めることにする．

(1) 協力的相互作用と励起状態の増殖：構成物質間の相互作用（協力的相互作用）による協同現象の発現とエネルギー多重安定性に起因する励起状態の増殖の問題.
(2) 非線形応答：物質内の（協力的）相互作用に起因する，光励起に対する非線形 (nonlinear) 的な場合によっては閾値的な応答発現の問題.
(3) 揺らぎの人為制御：揺らぎ (fluctuation)（光励起による様々な秩序の乱れ，エントロピーの増大，対称性の高まり）の人為的発生とそこからの再秩序化の問題.
(4) 相変化，相転移ダイナミクス：光励起前の秩序の消失と新しい秩序化の過程で生ずる，相変化，相転移ダイナミクスの問題．これは超高速光技術の発展に伴い観測可能となった，特定エネルギー状態のみを選択的に利用する非平衡状態の物理学の問題と言い換えることもできる [21].

2.2.2 課題 (1) 協力的相互作用と励起状態の増殖の問題

光励起状態における，電子状態と物質の構造変化の相関によるエネルギー緩和過程の研究は，化学分野では「光反応」，物性研究分野では「励起子 (exciton) の緩和過程」として表現される重要分野として研究が行われてきた．特に局在的な性格を持った励起子（フレンケル (Frenkel) 励起子や電荷移動 (Charge Transfer: CT) 励起子）と格子との相互作用（電子–格子相互作用）が強い固体内において，励起子がその周囲に局所的格子変形を伴って安定化する（緩和励起子 (relaxed exciton)）状態に関しては，実験，理論両面から集中的な研究が積み重ねられてきた [12]．このような研究の流れの中で，光励起状態での協同現象に，この緩和励起子のアイデアを適用できれば，まさに光誘起構造相転移現象とその特徴を予言する物理モデルの提案となるとの期待が生まれることとなった．本節ではこの歴史的流れから実際に提案された基本的な考え方と，そこから導かれた励起状態の自己増殖 (self-proliferation) という光誘起相転移現象の特徴を，豊沢，永長，小川らの考え方に沿って説明する [22,23].

今，ここでは光励起で生ずる励起子の局在性が強く，そのバンド幅は無視できるものとして考える．励起子周辺の格子歪 Q が生み出す励起子のエネルギー変化（格子変形による局在化エネルギー）は $-fQ$ で与えられる（励起子とフォノン（格子歪）との結合定数が f であることに対応）とすれば，格子変形を伴った励起子のエネルギー $E_e(Q)$ は $E_0 - fQ$（ここで E_0 は格子歪を伴わない自由励起子のエネルギー）

となる．これに格子歪の弾性エネルギー $E_l = \frac{1}{2}CQ^2$ を加えた，格子歪を伴った緩和励起子の全エネルギーは $W_e(Q) = E_e(Q) + E_l$ となる．一方で基底状態のエネルギーは当然格子歪の弾性エネルギーのみと考えられるので，$W_g(Q) = E_l$ となる．$W_e(Q)$ は，$Q_m = f/C$ で極小値をとり（図 2.5 参照）その値は格子歪がない自由励起子に対して $E_{LR} = W_e(Q = 0) - W_e(Q = Q_m) = f^2/2C$ だけ低下していることとなる．なお今後 $E_0 - E_{LR} = E_{RES}$（今の場合 $E_{RES} = W_e(Q = Q_m)$）と表記することとする．

もし $E_0 \geq nE_{RES}$（$E_{LR} \geq (n-1)E_{RES}$ とも書ける）のような条件が満足されていれば（ここで n は緩和励起子の数），1 つ励起子が生ずるとその緩和過程で n 個の以上の緩和励起子で構成される緩和励起子クラスターが生成されることとなる．E_0 と E_{LR} の大小関係でこの $W_e(Q)$ を整理すると図 2.6(a)–(d) のようになる．(a) $E_{LR} \gg E_0$ の場合には（本来励起状態である）緩和励起子クラスターの大きさが自己増大，(b) $E_{LR} \geq E_0$ の場合には緩和励起子クラスターは熱活性型で大きさが増大，(c) $E_{LR} \leq E_0$ の場合には緩和励起子クラスターは光励起で生ずる準安定なものとなり生成しても有限寿命で消滅する．通常の光

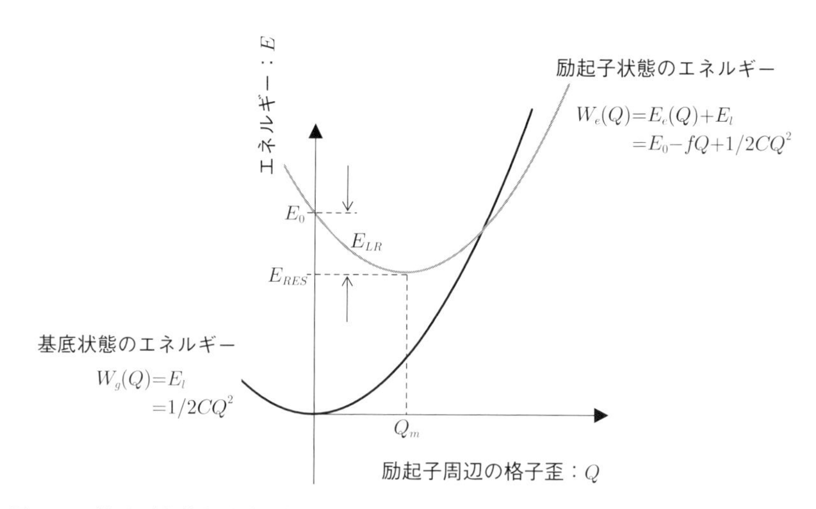

図 2.5　格子歪を伴う基底状態のエネルギー ($W_g(Q)$) と，電子–格子相互作用に基づく緩和エネルギー ($-fQ$) を伴った励起子状態のエネルギー ($W_e(Q)_l$) の模式図 [22,23]．なお自由励起子のエネルギーは E_0 としてある．なお本図は参考文献 [22,23] に示されたアイデア特に文献 [23] の図 1 を基に筆者が再構成したものである．

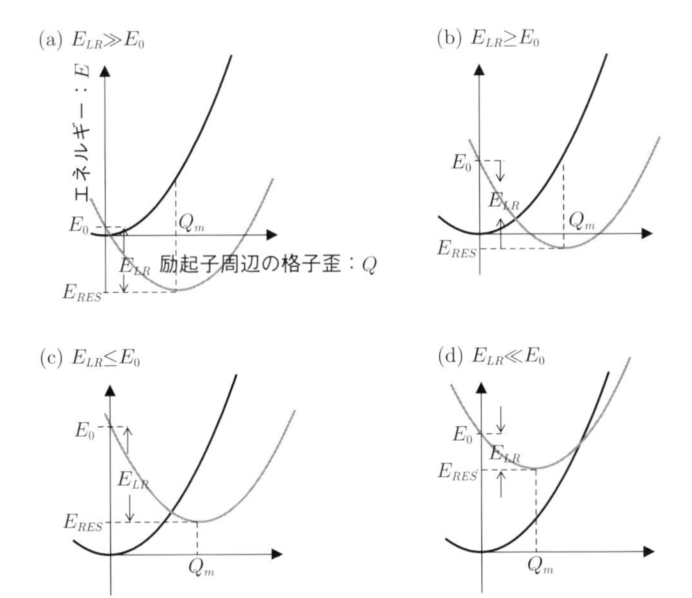

図 2.6　E_0 と E_{LR} の大小関係で，$W_e(Q)$ がどうなるのかを分類・整理した図面．もし $E_0 \geq nE_{RES}$（$E_{LR} \geq (n-1)E_{RES}$ とも書ける）のような条件が満足されていれば（n は緩和励起子の数），1 つ励起子が生ずるとその緩和過程で n 個の以上の緩和励起子で構成される緩和励起子クラスターが生成されることとなる．(a) の場合には（本来励起状態である）緩和励起子クラスターの大きさが自己増大，(b) の場合には緩和励起子クラスターは熱活性型で大きさが増大，(c) の場合には緩和励起子クラスターは光励起で生ずる準安定なものとなり生成しても有限寿命で消滅する．通常の光誘起相転移の多くは（励起状態間での相互作用を無視した形で極単純化して考えれば）まさにこの場合に相当することとなる．さらに (d) の場合には緩和励起子クラスターは完全に不安定となると予測される．なお本図は参考文献 [22, 23] に示されたアイデア特に文献 [23] の図 2 を基に筆者が再構成したものである．

誘起相転移の多くは（励起状態間での相互作用を無視した形で極単純化して考えれば）まさにこの場合に相当することとなる．さらに (d) $E_{LR} \ll E_0$ の場合には完全に不安定となると予測される．

ここまでの議論では，励起子間の相互作用は考慮してこなかった．ところが，例えば電荷移動 (CT) 励起子の場合，生成に伴って電荷分離を起こすため，いわばプラスとマイナスの電荷のペアである電気双極子としての性格を併せ持つこととなる．このため，CT 励起子間には，クーロン相互作用（双極子間相互作用）が働くことになる．特にクラスターの形成に至るような，励起子間の距離が短い場合には，このクーロン相互作用によるエネルギーは前述の励起子エネルギー E_0 やその格子緩和エネルギー E_{LR} と比較しても無視できないものとなる可能性がある（各種の塩の構造安定化に果たすマーデルングエネルギーの影響を思い浮かべていただければ幸いである）．そこで前述の n 個の緩和励起子で構成されるクラスターの生成条件（$E_0 \geq nE_{RES}$ または $E_{LR} \geq (n-1)E_{RES}$ のところに，このクーロン相互作用（i と j で表記される場所にある励起子によるクーロン（双極子間）相互作用を V_{ij} で表す）を i と j の組み合わせについて総和をとる形 ($\langle ij \rangle$) で組み入れると，$E_{LR} \geq (n-1)E_{RES} + \sum_{\langle ij \rangle} V_{ij}$ となる．もし $\sum_{\langle ij \rangle} V_{ij}$ がマイナス符号でかつ $(n-1)E_{RES}$ と同様な絶対値を持つ，言い換えれば，励起子1個あたりの格子緩和のエネルギー E_{LR} と緩和励起子のエネルギー E_{RES}，そしてその緩和励起子1個あたりの平均的クーロン相互作用エネルギー（$1/n \sum_{\langle ij \rangle} V_{ij}$：固体内の協力的相互作用）が拮抗している場合，その微妙な大小関係が緩和励起子クラスターが成長するのか，消滅するのかの運命を決めるのである．まさにこの典型例となったのが，電荷移動錯体において観測された，緩和 CT 励起子による光誘起中性–イオン性 (neutral-ionic) 相転移やアントラセン–PMDA 錯体で観測されたその前駆的現象である [24]．この現象の詳細に関しては本シリーズの他書を参考いただくことにし，本書では光誘起構造相転移という視点から，光誘起中性–イオン性相転移に伴って観測された強誘電性の光制御と励起子ストリングの構造学的検出に焦点を合わせた簡単な解説を第4，5章で行う．

励起子間ないし局所的励起状態間の協力的相互作用を担うものは，もちろんクーロン（双極子間）相互作用に限られるものではない．例えば共役ポリマーの π 電子状態と側鎖の配位を含む構造との相互作用（いわゆる電子–格子相互作用）がその役割を担う場合に発現するのが，まさに最初の光誘起可逆相転移の実例となったポリジアセチレンである（第3章で紹介）．弾性的相互作用が，遷移金属とその配位子で構成される局所的スピン中心間の相互作用を担う場合には光誘起スピンクロスオーバー相転移が発現する（第4章）．これらの実例をもとに構成物質間の協力的相互作用によるエネルギー多重安定性に起因する光誘起協同現象の発現とそこにおける励起状態の増殖の問題に関する議論を各章で行う．

2.2.3 課題 (2) 物質内の（協力的）相互作用に起因する非線形応答の問題

協力的相互作用のもたらすもう 1 つの特徴は，系の外場に対する応答における非線形性である．外場刺激に対する応答が，系の応答自身に自己帰還（フィードバック）効果をもたらす場合に，その応答がヒステリシス (hysteresis) 特性や強い非線形特性を持つであろうことが知られている．実際に光誘起相転移現象では，外部からの光励起強度に対して，その相転移発現効率が閾値的（図 1.6(b) 参照）になる特徴が数多く見つかっている．これについては，各物質例のところで個別に紹介する．さらに基底状態と異なる秩序変数を持った状態への緩和過程を含む光誘起相転移には，局所状態から新たな状態への増殖過程，言い換えれば相境界の運動ダイナミクスやその過程に現れる光励起に対する物質の非線形応答という極めて挑戦的な課題が横たわっている．この実験的検証についても，各物質の特徴に応じた各論として後の章で紹介する．

2.2.4 課題 (3) 揺らぎと再秩序化の問題

この課題は，まさに次の課題 (4) とも関連して，光誘起相転移の発想の原点ともなった問題である．平衡状態での相転移など協同現象を説明するために，構造変化や磁気・電気双極子の総和などを微視的な協力的相互作用を反映する巨視的秩序変数を横軸として，自由エネルギーないし断熱ポテンシャルエネルギー（縦軸）がどう変化するか，という考え方が用いられる．前章の復習ともなるが，例えば前章の図 1.2 に示すように，最初は左側のポテンシャル極小の方が右側のそれより低いため，基底状態の秩序変数の値は左側のそれに対応する状態となる．ここに温度などの外場が変化して，この関係が逆転すると秩序変数が異なる右側の状態が基底状態に変化して相転移が起きることとなる．ここに光励起状態のポテンシャルが加わるとどうなるであろうか？という仮想的な考えを組み込んだものが，那須らによって提案された図 1.4 である [4,8,9]．光励起状態として発生すると予測されるフランク・コンドン状態からの緩和過程で，エネルギーが特定の格子変形やスピン状態の変化など，秩序変数の変調に直結するものに効率よく変換されれば，図 1.4 に示すような異なる秩序変数を持った状態が（短時間であるにせよ）出現するのではないかと考えたことが，光誘起相転移現象探索を理論家と実験家が協力して開始する端緒となった．さらにこの新秩序状態が本来の基底状態に戻る最後の過程（熱励起過程）に障壁があれば，その新状態の寿命は長いものとなり，様々な応用・利用も可能となる．この最初の実例が第3章で紹介するポリジアセチレンの場合である．

この再秩序化の問題は，「光誘起構造相転移」が従来知られてきた光反応などとはどのように異なっているのであろうか？という点への1つの回答ともなっている．光などの励起によって，基底状態とは異なる状態となった物質は，分子など孤立系の場合には「局所的」な変形を起こす．これがよく知られている光化学反応である．これに対し，内在する協力的相互作用を介して，結晶全体の格子変形のような，マクロな物理量の変化を起こしながら緩和してゆくのが光誘起相転移である．その途中に図1.4に示すようなエネルギー曲面の極小状態があると，準安定相として比較的長い時間存在可能となり，過渡的な非平衡物質相として観測されることとなるのは前述のとおりである．この現象は協力的相互作用を介することで，微弱で局所的と考えられる最初の励起から巨視的（巨大）な光応答が発生する点で，従来の局所的化学結合構造変化を主たる狙いとする光化学の研究分野とは大きく異なっている．この特性を表現するために，図2.7に示すような光励起で起こすドミノ倒しに例えられる場合もある[25]．特に図1.4右側に示すような，基底状態とエネルギー的には縮退した状態にもかかわらず，光励起緩和状態のポテンシャル曲面に沿った異なる秩序状態となっている場合は「隠れた秩序状態(hidden state)」と近年呼ばれている．この状態は同じ物質でありながら，熱などの通常の手段では実現できない物質別の表情（相）がむき出しとなるため，非平衡状態の特色の1つとして基礎研究者の大きな関心を呼んでいる．この隠れた秩序相を構造学的に明らかにした実例として第5章ではMn酸化物を，第6章では電荷移動錯体$(EDO\text{-}TTF)_2PF_6$を実例と

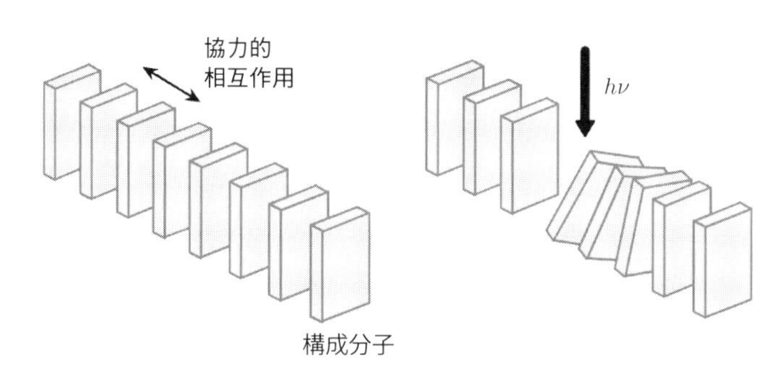

図 **2.7**　光励起で起こすドミノ倒しの模式図[25].

して取り上げ紹介する．この現象を利用して温度効果の影響を受けにくい光誘起強磁性・強誘電相を活用した各種磁気光メモリー，相スイッチ材料が実現可能となるため，スピントロニクス分野の進展とも関連して最近では応用面でも関心を集めている．

2.2.5 課題 (4) 相変化ダイナミクスの問題

今まで議論してきた 3 つの課題において議論してきたように，与えられたエネルギーが物質構成成分間の相互作用，とりわけ協力的な相互作用を介してどのように物質全体に分配されるのか，その過程で新しい秩序や構造が物質に出現するのか，という基本的で新しい問題が「光誘起相転移」の登場によって提起されることとなった．第 1 章でも述べた「物質状態エネルギーの多重安定性」と「相転移ダイナミクス」という，ミクロな協力的相互作用が生み出す 2 つの特徴が実験，理論両面でまさにクローズアップされることとなったのである．

このような相転移ダイナミクスの理論的取り扱いに関しては，幅広い空間的，時間的スケールにまたがる複雑な現象を対象とするために，その着眼点の置き方で大よそ 2 つの異なる立場に分類される．すなわち ① 相転移のメカニズム自体は一般化して取り扱い，確率微分方程式 (stochastic differential equation) を用いて，もっぱら相転移の動的挙動に興味の中心を置いて考える確率動力学的立場と，② 物質を構成する原子や分子などの間のミクロな量子力学的相互作用を取り入れたハミルトニアンを基盤に，物性や構造変化のダイナミクスを波動関数の変化から解き明かそうとする量子ダイナミクス的な立場，である．

まず ① の確率動力学的立場での研究が，従来の磁性体などでの理論を発展させる形で進歩することとなった．例えば励起状態 (e) の存在確率を n，基底状態 (g) から励起状態への光による励起確率を $I(t)$，遷移確率を $P_{g\to e}$，励起状態から基底状態へ戻るそれを $P_{e\to g}$ とすれば，$dn/dt = I(t) + u(n)$，$u(n) = P_{g\to e}(1-n) - P_{e\to g}n$ となる．この $P_{g\to e}$ と $P_{e\to g}$ に，協同現象の効果や n の変化によるフィードバック効果を様々な形で現象論的に取り入れることで，観測された相転移ダイナミクスや励起強度に対する光誘起相転移効率の閾値（スイッチング）特性やヒステリシスなどの非線形な振る舞いを説明しようとする考え方である．実際後の章で紹介するスピンクロスオーバー相転移 [26,27] などの，結晶の弾性的歪が関与する比較的速度の遅い協同現象を説明するための一般論的枠組みとして非常に有効であり，日本やフランスをはじめ各国で発展してきた基盤的研究に基づき，今でも精力的に研究が進められている（詳細は入門書 [28] やスピンダイナミクス分野の各種専門書を参考いただきたい）.

ただこの ① の立場では，協力的相互作用はあくまで現象論的に取り入れてしまうため，どうしても，光誘起相転移で観測される物性変化の微視的なメカニズムや，新しい種類の光誘起相転移物質の開発に向けた固体内の微視的物理的相互作用の設計という視点への対応は困難である．とりわけ相転移の原因として考慮すべき相互作用のエネルギースケールが，固体内の磁気的，誘電的，構造的各種素励起のそれと同様な値に近いほどに大きくなると，協力的相互作用のミクロメカニズムを取り入れたハミルトニアンを構成し，物質系の変化全体を量子力学的に取り扱うことが必要となる．この立場に立つのが，② の量子ダイナミクス的な立場からの研究である．とりわけこの 10 年の量子ビーム技術の発展によって，まさに固体内のフォノンやマグノンなどの素励起の振動周期をはるかに凌駕するような極短時間スケールでの，電子状態，構造，スピン運動の観測が可能となった結果，量子ダイナミクスの立場での研究の必要性が急激に増すこととなった．さらについ最近になって，素励起の振動と相互作用する外場（励起光）の位相差までを正確に制御する技術とそれを用いた光誘起相転移ダイナミクス制御の実験結果（コヒーレント制御という名称に対応する）が登場するに至っている [29,30]．このような実験結果の解析のためにも，実時間スケールでの波動関数の変化の理論的解析が希求されているのである.

最もこの ② の立場の研究では，複雑なハミルトニアンに基づく波動関数の実時間発展を計算機を駆使して解かねばならない，という当然ではあるが大きな問題と直面することとなる．例えば次式は，有機電荷移動錯体における光誘起相転移ダイナミクスを説明するために米満らによって導入され，研究が進展中のハミルトニアンである．今の場合，陽イオン分子の 1 次元積層鎖構造と，鎖間に位置する陰イオン分子から構成されている電荷移動錯体（陽イオン分子と陰イオン分子による塩）を取り扱っている（詳細は第 6 章を参照されたい）．基本となるのは，一元鎖構造を構成する各陽イオン分子の HOMO（最高被占軌道）から構成される強束縛モデルである．ここでは，有機電荷移動錯体におけるの強い電子–格子相互作用を反映させるため，拡張ハバードモデルに電子–格子相互作用を導入したパイエルス–ホルスタイン拡張ハバードモデルに，さらにいくつかの項を追加したものが用いられている [29,30]．このハミルトニアンに組み入れられている各種相互作用をまとめたのが図 2.8 である.

$$H = -\sum_{j\sigma}[t_0 - \alpha(u_{j+1} - u_j)](c^+_{j\sigma}c_{j+1\sigma} + \text{h.c.}) - \beta\sum_j v_j(n_j - 1/2) + U\sum_j n_{j\uparrow}n_{j\downarrow}$$
$$+ \frac{1}{2}K_\alpha\sum_j(u_{j+1} - u_j)^2 + \frac{1}{2}K_\beta\sum_j v_j^2 + \frac{2K_\alpha}{\omega_\alpha^2}\sum_j \dot{u}_j^2 + \frac{K_\beta}{2\omega_\beta^2}\sum_j \dot{v}_j^2$$
$$- \gamma\sum_l w_l(n_{2l-1} + n_{2l} - 1) + \frac{1}{2}K_\gamma\sum_l w_l^2 + \frac{K_\gamma}{2\omega_\gamma^2}\sum_l \dot{w}_l^2 + V\sum_j n_j n_{j+1}$$

ここで t_0 が移動積分，U が陽イオン分子における同一サイト上（オンサイト）のクーロン相互作用，V が最近接クーロン相互作用，α, β, γ がそれぞれ電荷移動錯体を構成する陽イオン分子の変位，陽イオン分子自身の分子変形，陰イオン分子の変位に対応する電子–格子相互作用である．また $K_\alpha, K_\beta, K_\gamma$ および u_j, v_j, w_l は，図 2.8 に示した各サイトにおけるバネ定数および変位や変形を

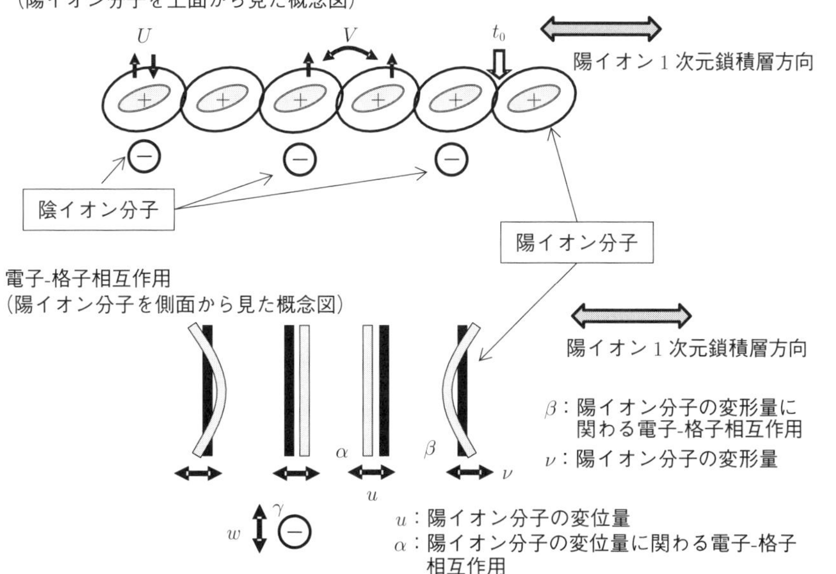

図 2.8 有機電荷移動錯体ににおける光誘起相転移ダイナミクスを説明するために米満らによって導入され，研究が進展中のハミルトニアン（2.2.5 項参照 [29,30]）に組み入れられている各種相互作用の概念図 [13].

表す．さらに $c^{+}_{j\sigma}$ および $c_{j+1\sigma}$ はそれぞれスピン σ を持ち，j サイトにあるホールの生成および消滅演算子，n は数演算子を表し $n_{j,\sigma} = c^{+}_{j\sigma}c_{j\sigma}$，$n_j = n_{j\uparrow} + n_{j\downarrow}$ の関係にある．さらにこのハミルトニアンの場合，陰イオンは対象とする有機電荷移動錯体結晶の構造から，2つの陽イオンの間に存在するためそれぞれの陽イオンとの相互作用も考慮に入れている．

後の章で示すように，この研究から，光による電荷秩序パターンの100フェムト秒（fs: 1 fs は 10^{-15} 秒）での組み換えを原因とする光誘起相転移が発見されるなど，大きな進展がもたらされた．一方で，上式をご覧になれば一目瞭然のように，その内容が複雑であるがゆえに，ハミルトニアンの特定の部分のパラメータを変化させるために，実際の物質をどのようにデザインすればよいのか，という物質科学としての視点との結びつきは十分にできていない，というよりも実験現場の材料科学者や化学者の「勘」に頼らざるを得ないのが現状である．まさに，実際の物質の示す特異な性質を，複雑なハミルトニアンの動的挙動中から取捨選択して関連付けるとともにどうやってそれらの情報を新物質開拓の指針とするのか，これからの理論と実験両分野が協力しての腕の見せ所である．まさにこの協力関係について未だたどたどしいとはいえ，現段階での情況を紹介し，読者の参考としていただくことが，本書執筆の主たる目的である．

光誘起構造相転移研究登場に至る道 —ポリマー結晶での双方向光相スイッチ現象の発見—

3.1 光誘起構造相転移探索が開始されるまでの背景

前章で物質内での協力的相互作用を利用すれば，光励起が引き金となって固体中で巨視的な相変化を起こす，いわば図 2.7 に示したようなドミノ倒しにも喩えられる新しい光誘起現象「光誘起相転移」を起こすことが可能かもしれない，という議論を行った．ところがその実例を見つけようとすると，なかなか容易なことで無かった（もちろん，発想のギャップを一度乗り越えてしまうと，逆に身の回りにそのような物質が溢れていることに気が付き，愕然としたことは第 1 章の最後に記したとおりである）．特に固体の構造変化を伴うような一般的な相転移を起こそうとすると，固体内での変形のために結晶が損傷することが予測され，一般的には困難と考えられていた．実際分子結晶内での光異性化などを起こす試みも行われていたが，構成分子間の相互作用が大きく，立体障害が強いために，結晶全体が異性化することは困難で，部分的変化に留まることが知られていた．1990 年代に入ると，ここを突破するために，液晶に光異性化 (photoisomerization) 反応を起こす分子を組み込む，または液晶薄膜界面に光異性化反応を起こす分子を配置することで，これが光励起による構造変形中心となって周囲の液晶相を一斉に変化させる形での光誘起構造相転移も（本書で紹介する例とは異なって，その応答速度は界面での分子変形の力学的伝達速度に支配されるため，比較的ゆっくりしたものとはなるが）探究されてきた（図 3.1 参照）[31]．実際，この現象は具体的物質開発が急速に発展し，高分子や液晶材料での光誘起構造変化に伴う配向制御を利用したパターニングや体積変化を利用する光エネルギー–力学エネルギー変換材料（光メカノ効果の呼び名がつけられている）という形で応用展開を目指した研究が進展中であるので，文献をご参考いただきたい [32–34]．

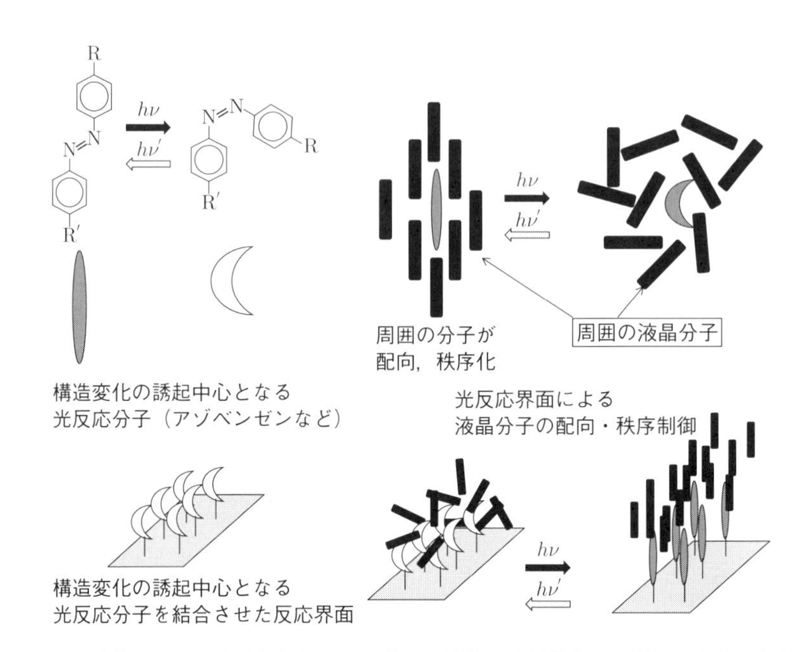

図 3.1　液晶における光誘起相転移の概念図．液晶に光異性化反応を起こす分子を組み込む，または液晶薄膜界面に光異性化反応を起こす分子を配置することで，これが光励起による構造変形中心となって周囲の液晶相を一斉に変化させる形での光誘起構造相転移が研究されている．なお本図は参考文献 [31] に示されたアイデアを基に筆者が再構成した図面である．

一方で 1980 年代，光と物質の相互作用を探求する物理学分野である光物性分野の研究において，光励起によって生ずる半導体・絶縁体中の励起子（電子と正孔のクーロン相互作用による束縛状態）とその高密度効果の研究が，半導体量子構造の品質向上と励起用レーザー技術の発展が原動力となり，また励起子や励起子ポラリトン (excitonic polariton) のボーズ・アインシュタイン凝縮 [35,36] という多体量子効果への基礎科学的要請の高まりと相まって急速に進展した．さらにはギャップエネルギーの大きな絶縁体であるアルカリハライド（簡単に言えば読者諸氏よくご存じの「塩」）の光励起状態とその緩和過程において，励起子が局所的な原子移動とすら言える，大きな局所構造変形を誘発することが報告された [2,12]．この現象は，あくまで局所的変形に留まったものではあったが，一方では第 4 章で解説する，電荷移動 (CT) 励起子が格子緩和を伴いつつ凝縮する（緩和励起子の凝縮）という新しい概念の理論面からの提案を生み出す原動力ともなった．これらの研究の進展を背景に，また 1980 年代に進展した強い電子–格子相互作用を内包 (strongly electron-lattice coupled) する強相関有機電子系材料，とりわけ π 電子共役系有機伝導体（π 電子系ポリマーとも呼ばれる）の開発とそこにおける新伝導機構の発見（白川博士のノーベル賞受賞へとつながっている）も相まって [11]，光誘起相転移の探索研究が大きく加速されることとなった．

加えて，光励起によって絶縁体，半導体に注入された電荷やその束縛状態（励起子）が，物質系にどのような不安定性（多体励起）や新秩序を生み出すのか，ということが，化学ドーピングによる（超伝導相を含む）相制御研究との比較で，1980 年代後半に急速にその重要性を増した [37]．1986 年に始まる，一連の遷移金属酸化物における化学的キャリヤドーピングによる強相関電子系 (strongly electron correlated matter) の相制御，とりわけ銅酸化物高温超伝導体の探索研究の進展がきっかけとなって，様々な遷移金属酸化物や，π 分子結晶など，物質内部の電子–格子相互作用や電子相関が強い物質系に電荷注入（ドーピング）を行うと，超伝導をはじめ，磁気転移さらには絶縁体–金属転移など [38]，劇的な効果が現れることが報告された．そうなると当然，強電子–格子結合系物質や，強相関系物質に光励起によるキャリヤ注入（光ドーピング）を行うことによって，化学ドーピングと同様，新規で劇的な光誘起協同現象（光誘起相転移）の発現が期待されることとなった．

このような，固体物理，固体化学研究の歴史的必然，偶然の重なりから，1980 年代後半に，まずは強い電子–格子相互作用を有する有機ポリマー材料で，光誘起構造相転移の実験的研究が開始され，同時に光キャリヤ注入と相転移発現の関連の検討もなされることとなった．この実験的研究に関しては，共役ポリマー蒸着薄膜試料を用いての，不可逆な光誘起相転移が 1980 年代後半に [39]，続いて単結晶を用いての可逆な双方向光誘起相転移が 90 年代初頭に報告された [40]．さらに強い電子–格子相互作用系での光誘起相転移現象の理論的な取り扱いに関する先駆的な研究も，実験的研究と相前後して小川，永長，花村らによって報告された [3,23]．

前章でも述べたが，相転移は，物質に内在する様々な協力的相互作用発現の典型例である．転移温度 (Tc) 近傍におかれた凝縮系は，温度のみならず，磁場，圧力，電場など種々の外場刺激に対して大きな応答，揺らぎを示す．時にはごく弱い外場刺激がきっかけとなって巨視的相変化に至る場合もある．この弱い外場刺激として光励起状態が使えないであろうか，という発想が「光誘起協同現象」の研究を開始したそもそものきっかけである（図 3.2 参照）．この発想に基づく典型例として，温度誘起相転移の挙動から予測して探し出されたのが，本章で紹介する π 共役ポリマー (π conjugated polymer)：ポリジアセチレン (polydiacetylene: PDA) の単結晶である（化学構造は図 3.3 参照）．PDA は温度誘起で 1 次の色相転移を起こすことで有名な物質であり，本稿で紹介する研究は，この色相転移を，1 次相転移の特性を活かして可逆（双方向）に光で制御することに相当する [40]．加えてこの光誘起相転移初期過程には，光ドーピング (photo-doping) が必須であることも明らかとなり，この意味でもまさに，強電子–格子結合系物質の光誘起相転移という特性を活かした物となっていることも，読者諸氏にぜひご注目いただきたい．

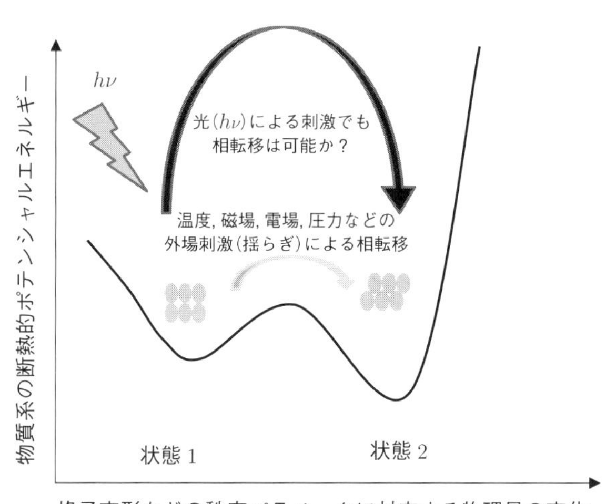

図 3.2　相転移を誘起するための弱い外場刺激として，光励起状態を用いるという，「光誘起協同現象」の発想の原点ともいえる考え方の概念図．

3.2 PDAにおける相転移現象の特徴

ポリジアセチレン (PDA) は π 共役高分子の 1 種であり，大きな 3 次の非線形光学効果 (nonlinear optical effect) など，擬 1 次元系としての特徴を強く持っているため，広く研究が行われてきた [42]．これは，適当な側鎖基を選べば，比較的良質な単結晶など様々な形態の試料を得ることが可能なためである．一般に，PDA のバンドギャップ（電子状態）などの基本的な特性は，主鎖上（図 3.3 の灰色の領域）で非局在化した π 電子系が担っているが，高分子としての構造（立体構造）は，その側鎖基の種類とその立体的配置によって支配されている（図 3.3）．さらに高分子単結晶を，単量体結晶からの固相重合 (solid state polymerization) によって得る過程で顕著な協同性が出現する，という特徴も持っている．異なった種類の側鎖基を持った PDA には，側鎖基の種類によらず，共通した 2 つの色合いを示す相（色相）が存在する．これは主鎖上の π 電子系の状態に，側鎖が異なっても共通する 2 つの電子状態が存在していることを示している．これら 2 つの電子状態（色相）のうち，1 つは反射光の色合い

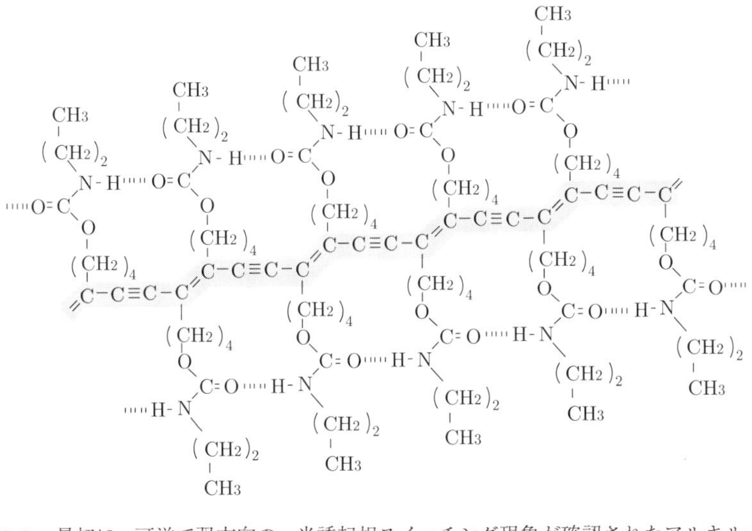

図 3.3 最初に，可逆で双方向の，光誘起相スイッチング現象が確認されたアルキル・ウレタン系 π 共役ポリマー：ポリジアセチレン (PDA)（以後 PDA-4U3 と略記）の単結晶の構造 [41]．

が金色（薄膜透過光では青色）の A 相と呼ばれるものであり，もう 1 つは反射が緑色，透過が赤色で B 相と呼ばれている．温度や圧力，溶液では溶媒の種類などで両相の間の転移（A-B（色相）転移）が生ずる．この相転移に伴う結晶構造と電子状態の変化の起源は，主鎖の π 電子とその構造が，側鎖の構造と強く結合したことによる電子–格子相互作用にある，と考えられる [39–41,43]．本書では，図 3.3 の構造を持つ，アルキル・ウレタン系 PDA のうちで n=3 のもの（以後 PDA-4U3 と略記）に絞って紹介を行う [41]．

PDA-4U3 単結晶は温度変化によって，1 次の可逆 A-B 相転移を起こすことが知られており，その変化の様子は反射（吸収）スペクトル，ラマンスペクトルによって敏感に検出することが可能である．例えば図 3.4(a) の場合，結晶の温度を 315 K（実線）から 420 K（破線）まで引き上げた場合の吸収（左側：反射スペクトルからクラマース–クローニッヒ (Kramers Kronig) 変換で求めたもの）スペクトルとラマン（右側）スペクトルを示したものである．昇温前，結晶は A 相（低温相）にあって，最低励起子 (^1B_u) による吸収 (A) とそのフォノンサイドバンド (A′) が 1.95 eV 近辺に観測される．420 K 付近まで加熱すると，B 相（高温相）への転移が生じて，励起子吸収とそのフォノンサイドバンドは 2.35 eV 付近 (B，B′) に移動する．これに対応して主鎖上の C=C 結合振動数も A-B 転移に伴って 50 cm^{-1} 程高波数側に移動していることがわかる（図 3.4 右側参照）．

さらに温度誘起 A-B 相転移に伴って側鎖基も構造変化を起こす．特に図 3.3 のウレタン基よりも主鎖側のアルキル鎖が，ゴーシュ型からトランス型に変化することが明らかとなっている [44]．この構造変化によって，側鎖基の長さは A 相よりも B 相の場合の方が長くなると考えられ，その結果 B 相においては，主鎖に図 3.5 の矢印で示すような力が加わっていると推定される．この結果，主鎖上の π 電子共役長が変化することが，PDA-4U3 単結晶における A-B 相転移の 1 つの要因と考えられる．もちろん，n($= 2 - 10$) の異なる一連の PDA のみならず，他の側鎖基の場合にもこの A-B 相転移は共通して観測されており，主鎖が本質的に持っている電子構造の何らかの双安定性も，相転移発現の原動力として強く関与していることは明らかである．ただ詳細な構造解析が，A，B 両相において実施できたごく少数の PDA 結晶に関しては，主鎖の構造は A 相，B 相いずれにおいても図 3.3 に示したアセチレン型と報告されている．このことは，以前に考えられていた単純な共鳴構造（アセチレン型とトリエン型）では，

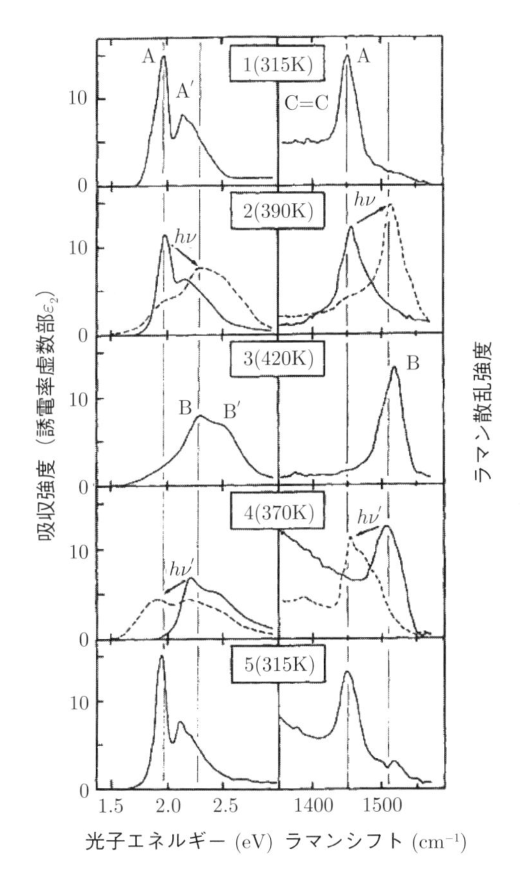

図 3.4 PDA-4U3 結晶の，反射率とラマンスペクトルの温度変化 [40,41]．破線はパルスレーザー光（パルス幅 20 ナノ秒 (ns)，励起光密度 7×10^{18} 光子/cm^3（以後 cm^{-3} と略記する））を 1 パルス照射した後に観測された，吸収，ラマンスペクトル．両スペクトルともに励起直後（50 ns 以内）に破線のように大きな変化を示した [40]．試料温度の表示につけた 1–5 の番号は，図 3.6 のヒステリシスの中の温度に対応している．

A-B 相転移に伴う π 共役電子状態の双安定性に関して説明が困難であることを示している（文献 [25] やその参考文献を参照されたい）．いずれにせよ A-B 相転移は，主鎖上の電子状態と主鎖，側鎖の結合状態が電子–格子相互作用によって強く結びついて引き起こされているものであることは，おわかりいただけよう．このような A-B 相転移を起こす一連の PDA の中で，最も結晶が安定でか

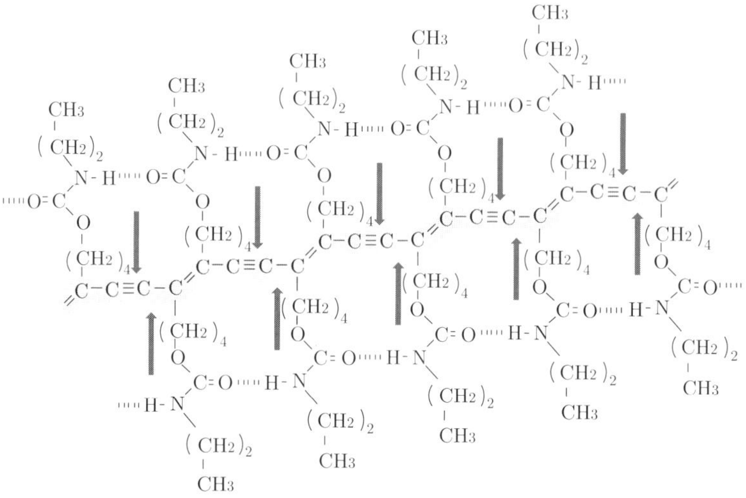

図 3.5　PDA-4U3 結晶で発現する色相転移（A-B 相転移）の想定されているミクロメカニズム.

つ後述のように一次相転移のヒステリシス幅の広い典型材料として n= 3 を選択し，ここで紹介する.

3.3　光誘起 A-B 相転移とその温度依存性

PDA-4U3 結晶における A-B 相転移は幅広いヒステリシスを伴った 1 次転移である．図 3.6 には，A 相に特徴的な反射・吸収帯が観測されている 1.95 eV での反射強度の温度変化を示しているが，まさにこの 1 次相転移の特性を反映した明瞭かつ幅広い温度ヒステリシスが観測されている．前述のように n が異なる (2–10)PDA についても，共通にこのヒステリシスは観測されている [41]. 光誘起協同現象は，絶対安定相と（光励起で発生する）準安定相の間を隔てるポテンシャル障壁の高さの違いよって 2 つに大別されると期待される．すなわち，(a) 障壁が高く，励起エネルギーが熱エネルギーに変換される過程で光励起前の相に戻りづらい場合（この場合には一般に熱的相転移におけるヒステリシス幅も広い）（図 3.7(a) に対応，図 2.6 の場合には (b) ないし (c) に対応）と，(b) 障壁が低く，熱的相転移においてもヒステリシス幅が狭い，ないしはヒス

A
1
5
A B
hν
A B
2
hν′
hν
3
B
hν′
4
A B
A B
320
360
400
440
温度
反射強度（任意単位）

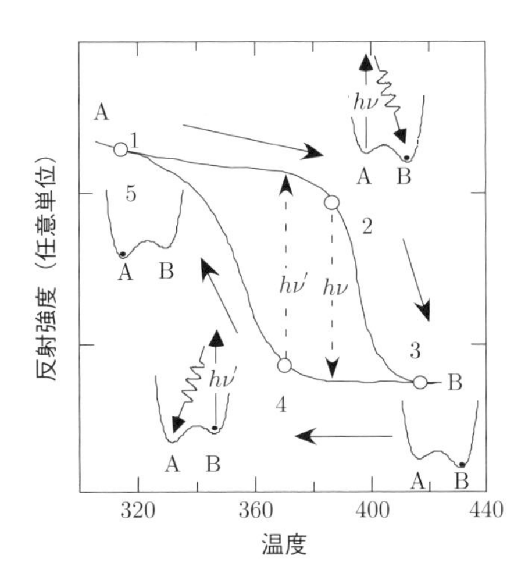

図 **3.6** PDA-4U3 結晶の 1.95 eV での反射強度の温度変化 [40, 41].

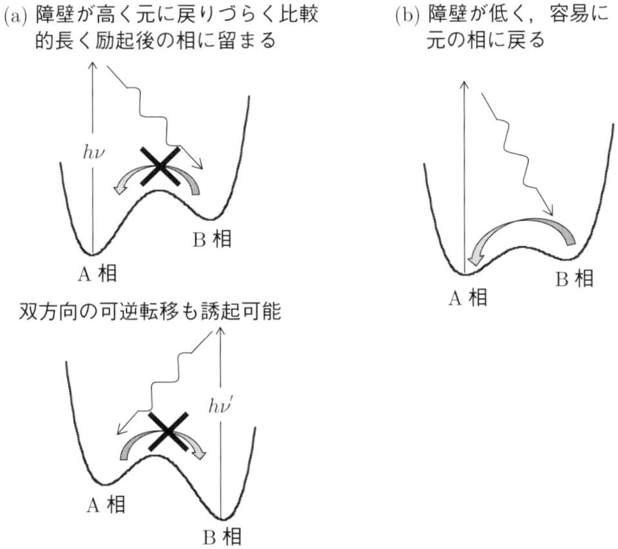

(a) 障壁が高く元に戻りづらく比較的長く励起後の相に留まる
hν
B 相
A 相
双方向の可逆転移も誘起可能
hν′
A 相
B 相
(b) 障壁が低く，容易に元の相に戻る
B 相
A 相

図 **3.7** ヒステリシス幅に反映されるであろう，断熱ポテンシャルの障壁の高さが，光誘起相転移の動的挙動にどのように反映されるかをまとめた概念図.

テリシス領域外の温度に結晶が保たれている場合（図 3.7(b)，図 2.6(c) ないし (d) に対応），である．この違いは，光誘起協同現象の過渡的挙動の違いに現れるであろう．微弱な光励起によって生ずる局所的励起状態が緩和してゆく過程で，物質内部の協力的相互作用を通じて適切なエネルギー分配が行われれば，大きな揺らぎ，ひいては準安定相への巨視的変化が発現すると期待される．しかしながら (b) の場合，注入された準安定相は不安定で，短時間で元の絶対安定相に戻るであろう．つまりこの場合には，過渡的相注入が発生すると期待されるのである（この現象は，広義の光誘起相転移に分類される）．一方 (a) の場合には準安定相の寿命は非常に長いものとなるであろう．この場合がまさに狭義の光誘起相転移と呼ばれる現象となる．本稿で取り上げる PDA の場合，図 3.6 のヒステリシス内の温度で測定を行う場合には (a) の場合に，ヒステリシス範囲の外の温度で測定を行えば (b) の場合に相当しており，実際そのような挙動が確認されたことを以下の節で紹介する．

実際に，温度誘起相転移で観測されるヒステリシスの中心付近の温度で観測される，光誘起効果を示したのが図 3.4 の破線である．例えば 390 K（図 3.6 の 2 に対応）で A 相にある結晶（スペクトルは図 3.4(b) の実線）に 2.81 eV のパルスレーザー光（パルス幅 20 ナノ秒 (ns)，励起光密度 7×10^{18} 光子/cm^3（以後 cm^{-3} と略記する））を 1 パルス照射すると，吸収，ラマン両スペクトルは励起直後（50 ns 以内）に破線のように変化し，数時間おいても変化した状態のままであった [40]．同様に 370 K（図 3.6 の 4 に対応）において B 相にある結晶（スペクトルは図 3.4(c) に破線で示されている）に，同じ励起光密度を持つ 3.18 eV のパルスレーザー光を 1 パルス照射すると，やはり同図 (c) に実線で示すスペクトルに 50 ns 以内で変化し，数時間以上そのままの状態を保っていた [40]．この結果は，図 3.6 に挿入したエネルギーポテンシャル概念図で示したように，まさに図 3.7(a)，(b) の場合に相当する条件下で，たった 1 パルスのレーザー照射によって，A-B 相間の永続的かつ可逆な相転移（狭義の光誘起相転移）が発生したことを示している．

一方，ヒステリシス温度領域から十分離れた温度域（十分高い，ないし低い温度）においては，(b) の場合に相当して光注入された準安定相は不安定であるため，過渡的相注入が観測されている [43]．その様子を反射スペクトル変化を用いて調べたのが図 3.8 と 3.9 である． 図 3.8 は 300 K，図 3.9 は 420 K における光誘起効果の測定結果であり，図 3.6 から明らかなように，PDA-4U3 結晶

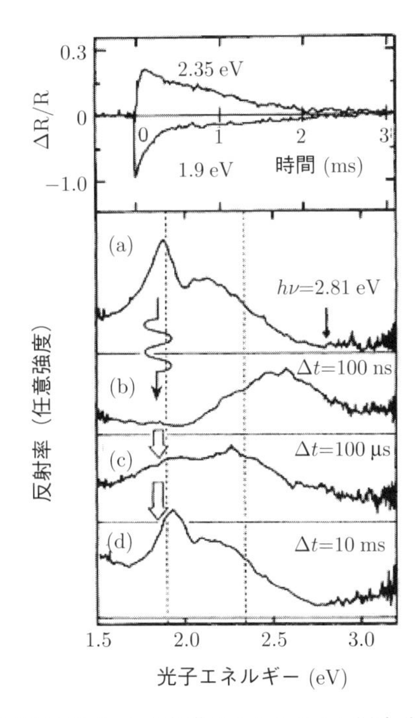

図 3.8 PDA-4U3 結晶における A-B 転移のヒステリシス温度域よりも低い 300 K において，励起前の A 相から光誘起された B 相がどのように変化するか示した図．B 相は予測どおり過渡的なものとなり，元の A 相に短時間で戻っている [43].

における A-B 転移のヒステリシス温度域よりも低い（図 3.8）ないし高い（図 3.9）領域での観測結果である．

例えば 300 K においては，系の自由エネルギー曲線の 2 つの極小点（A，B 相に対応）のうち A 相が絶対安定点であり，光励起前の反射スペクトルも A 相のそれとなっている（図 3.8(a)）．この結晶に，先ほどのヒステリシス内の温度での実験と同じ条件で，パルスレーザー光による光励起を行うと，その直後（50 ns 以内）に 1.9 eV の A 相励起子反射ピークが消失し，代わりに 2.5 eV 付近にある B 相励起子の反射ピークの強度が増加する．しかし，この反射ピークは時間とともに低エネルギー側に移動し，光励起後 10 ミリ秒 (ms) ($\Delta\tau$ =10 ms) 程度で，励起前の反射スペクトルに戻る．これは，300 K において光励起によって出現した B 相は過渡的なものであり，10 ms 以内に元の A 相に戻って行くことを意味している．

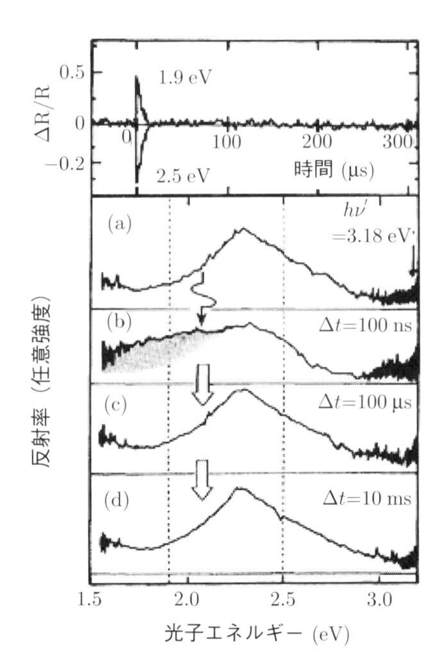

図 3.9　PDA-4U3 結晶における A-B 相転移のヒステリシス温度域よりも高い 420 K において，励起前の B 相から光誘起された A 相がどのように変化するか示した図. A 相は予測どおり過渡的なものとなり，元の B 相に短時間で戻っている [43].

B 相が安定な 420 K においても，同様な過渡的相変化が観測されている．絶対安定な B 相の結晶中に光注入された A 相領域（図 3.9(b) の灰色部分）は，20 マイクロ秒 (μs) 以内で元の B 相に戻って行く．これらのデータはまさに，PDA-4U3 結晶の温度をヒステリシス領域の外に設定すれば，予測どおり図 3.7(b) の場合に相当する過渡的相注入（広義の光誘起相転移）が発生することを，明確に示している．

3.4　光誘起 A-B 相転移の特徴

内在する協力的相互作用を介して，局所的な光励起状態が巨視的な相変化へと発展して行く過程では，励起状態の密度（励起光強度）にしきい値的振る舞いが現れることが期待される．図 3.10 に，ヒステリシス内の温度（390 K と 370 K）

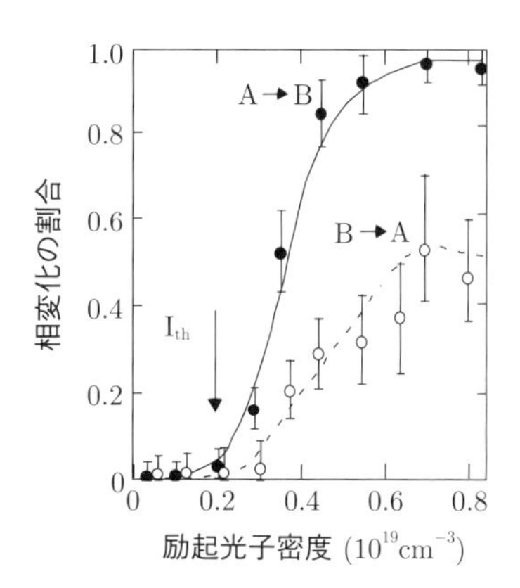

図 3.10 ヒステリシス内の温度（390 K と 370 K）において観測された，光誘起相変化効率の励起光強度依存性 [40].

において観測された，（半永続的という意味で狭義の）光誘起相変化効率の励起光強度依存性を示す．なお図中の A → B ならびに B → A 方向の転移は，各々 390 K と 370 K で測定された結果であり，相転移の割合（転移効率とも一般に呼ばれる）は反射強度の光誘起変化率から見積もったものである．

図 3.10 からわかるように，励起強度が 2×10^{18} cm^{-3} （閾値：I_{th} と表記）よりも大きくないと持続的な変化は生じない．そして，2×10^{18} から 8×10^{18} 光子 cm^{-3} の範囲であれば，A → B，B → A 双方向に可逆な光誘起相転移が発現するとともに，その効率も A → B では 100%，B → A でも 50%に達している．ただ，励起光の強度が 8×10^{18} cm^{-3} を越えた場合には，側鎖間水素結合の切断に起因すると推定される損傷が結晶に発生し，永続的な変質が生じてしまう [40].

閾値的挙動に加えて，光誘起協同現象の今 1 つの特徴として，光励起で注入された荷電担体 (carrier) などの局所励起状態が，巨視的相転移発現のきっかけとなることが期待される，という点があげられる．PDA 結晶に関して，この点を確認するために，光伝導と（狭義の）光誘起相転移効率，さらには吸収スペクトルとの関連を，励起光密度を一定の値 7×10^{18} cm^{-3} に保ちながら A → B 方向の転移に関して調べたのが図 3.11 である．転移効率の励起波長依存性は，破線で示した光励起前の A 相の吸収スペクトルと大きく異なっている．光吸収強度が大きい波長では光励起による強い加熱効果が期待されるにもかかわらず，観測された相転移効率は低くなっている．さらに，B → A 方向の転移に関して

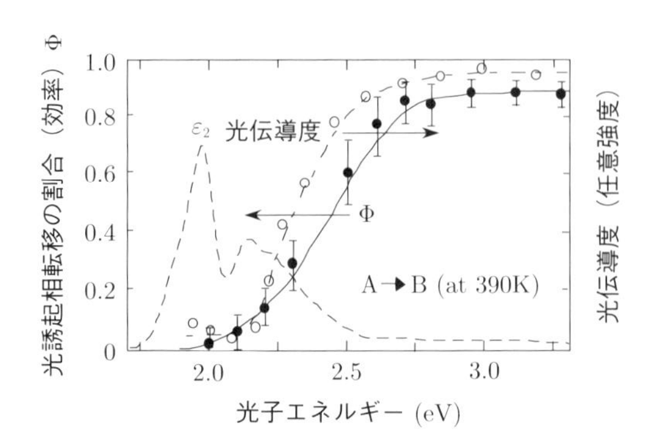

図 3.11　光伝導（一点破線と白丸）と光誘起相転移効率（実線と黒丸），さらには吸収スペクトル（破線）との関連を，励起光密度を一定の値 $7 \times 10^{18}\,\mathrm{cm}^{-3}$ に保ちながら A → B 方向の転移に関して示したもの [40].

も同様に，光励起前の B 相の吸収スペクトルと，光誘起相転移効率の励起波長依存性は著しく異なっていることがわかった [40]．さらに，光励起によって高温相（B 相）結晶が低温相（A 相）に変化する，という結果も合わせて考えると，観測された光誘起相転移の原因が光照射による加熱効果（熱モード）ではなく，電子励起状態の緩和過程にある（光子モード）ことは，明白である．

加えて，図 3.11 のデータでも明らかなように，光誘起相転移効率と光伝導の励起スペクトルが，A → B，B → A どちらの方向の場合にもほぼ一致している [40]．この結果は，光誘起相転移の発現と，荷電担体発生が密接不可分の関係にあることを示している．この点をさらに確認するために，相転移が進行している，つまりは A 相，B 相間の相境界が結晶内を動き回っている光励起直後の時間領域において，荷電担体の動的挙動がどのようになっているのかを調べたのが，図 3.12 である [43]．光励起強度が，図 3.10 における相転移発生のための閾値強度 (I_{th}) に達しない場合（上側），観測される光電流は微弱かつ寿命が数 100 μs の比較的長寿命のものである．

ところが，光励起強度が閾値を上回ると，装置の時間分解能（約 80 μs）内で減衰する大きな光電流成分（図 3.12 下側の中で黒色に塗った部分）が観測された．図 3.12 の観測温度においては，永続的光誘起相転移現象が観測されており，また相転移の速さは 50 ns 以内であることも報告されている．このことから，閾値を越える光強度において観測された速い光電流は，相境界の運動と密接不可分な関係にあると言えよう．以上のように，PDA-4U3 単結晶における光伝導の

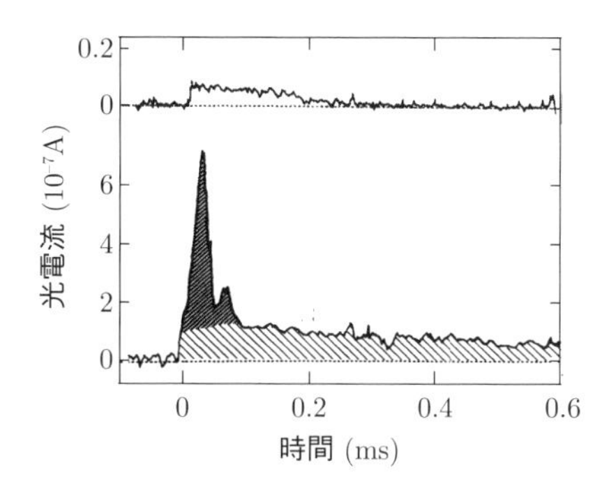

図 3.12 光誘起の A → B 相転移が起きる励起強度（閾値強度 (I_{th})）よりも弱いパルス光で励起した場合に観測される光電流（上側）と，閾値よりも強い強度のパルス光で励起した場合に観測された光電流（下側）．光励起強度が閾値を上回ると，装置の時間分解能（約 80 μs）内で減衰する大きな光電流成分（図 3.12(b) の中では F と表記）が観測された [43].

実験結果はいずれも，光励起で注入された荷電担体などの局所励起状態が，協力的相互作用を介して巨視的相転移発現のきっかけとなる，という考えを強く支持するものとなっている．

3.5 強い電子–格子相互作用系であるPDA結晶の示す光誘起相転移現象のまとめ

本章では，結晶内の協力相互作用（本稿では電子–格子相互作用に焦点を合わせた）が媒介となって発現する，新しい光誘起協同現象，光誘起相転移のうちで，その研究のきっかけとなった特徴的な共役ポリマー単結晶材料に焦点を合わせて紹介してきた．本章で取り上げた PDA-4U3 結晶に関するデータは，局所的に光注入された相転移の「種状態」が，協同的相互作用を通じて巨視的「相転移」へとつながっていること，そしてその相境界の運動と電荷の動きが密接に相関していること示すものであった．これらのデータを説明するために考えられている，相境界が電荷を持って動き回るモデルを模式的に示したものが図 3.13 である．また，励起光強度に対する転移効率の閾値特性，温度域に応じた相境界運動の特性の違い，光キャリヤ（荷電担体）の役割などは，新しい非平衡協同現象として，物理，化学，物質科学など様々な基礎分野の興味を集めて

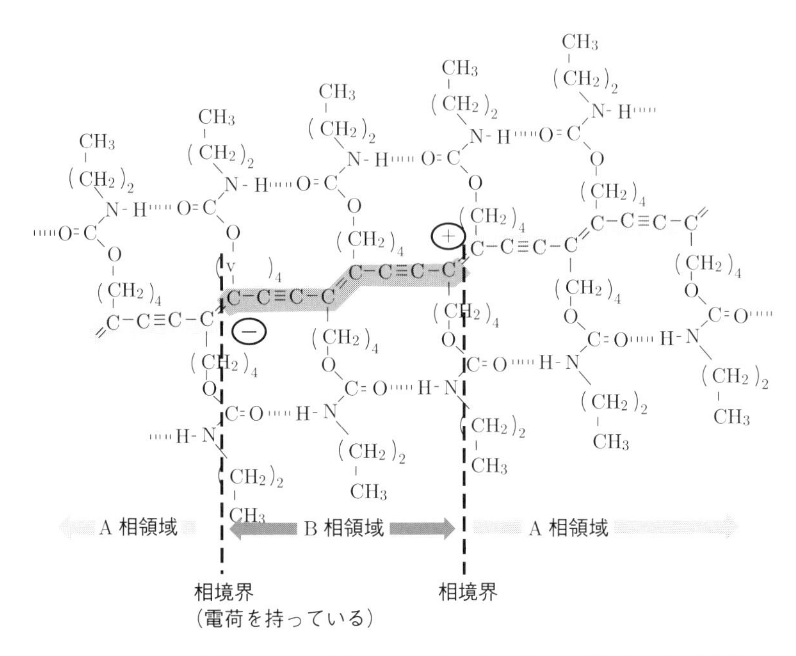

図 **3.13**　PDA-4U3 結晶における光誘起 A-B 相転移の際に，相境界が電荷を持って動き回るモデルの模式図.

いる．加えて最近では，PDA 関連新物質の開拓と合わせて光メモリー，さらには微小機械動力などへの応用面からも興味が持たれている．このような興味深い現象を，電子–格子結合系における局所励起が，マクロな平均値の変化につながるという一般的視点で明らかにしたのが，小川，永長による仕事である [23]．これによって，電子–格子相互作用とフォノンエネルギーとのバランスがどのような範囲であれば，局所的な光励起状態が準巨視的な構造変形へとつながってゆくのかが初めて明らかとなった．また実際に PDA で観測されたような可逆な双方向の光相スイッチが可能なパラメータ領域も明らかとなり，現在も盛んに研究が進められている光相スイッチ現象の解析の先駆け的研究となった．

このように，PDA 単結晶の光誘起 A-B 相転移は，基礎研究から応用まで幅広い分野の関心を集めた現象なのであるが，その構造変化の検出法は，この実験が行われた当時の技術的限界から，分光法を用いた電子状態の変化と振動構造の検出に留まらざるを得なかった．それすらも，光誘起相転移で生み出される新物質相やその前駆状態の寿命は短いものが大部分であり，ナノ秒（ns: 10^{-9}

秒)，ピコ秒（ps: 10^{-12} 秒)，甚だしきはフェムト秒（fs: 10^{-15} 秒）スケールといった短寿命な状態の観測を行うことは，パルスレーザー分光技術が急速に発展する 1990 年代半ばを待つ必要があった（この部分に関しては次章で紹介を行うとともに，本シリーズの岩井氏の著作 [45] も是非参照いただきたい)．加えて，本来光誘起の構造相転移を検出するためには，まさに「構造変化」をオングストロームスケールで直接とらえるために，X 線や電子を用いた観測技術の進展が必要不可欠である．ところが後述のように ns，ps，fs のようなごく短い寿命しか持たない状態の構造を瞬間的にとらえるためには，レーザー，放射光，自由電子レーザーといった数々の量子ビーム技術を駆使した新観測法の開発が必須の課題となる．このため，これら新技術の登場は，各種量子ビーム技術が飛躍的発展を遂げる 1990 年代後半まで待つこととなるが，光誘起相転移研究への活用は 2000 年代に入って，一気に盛んとなった．この経緯は第 5 章で詳しく紹介する．

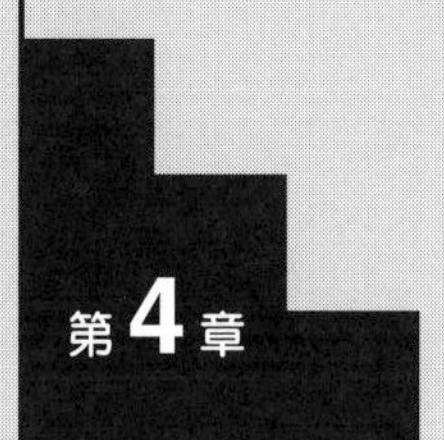

第4章 なぜ今，光誘起構造相転移なのか？—新しい観測技術と物質開発の2人3脚—

4.1 光誘起相転移探索対象の進展

前章ではπ電子共役ポリマー (π-electron conjugated polymer) 結晶における，多重エネルギー安定性を利用した光誘起相転移について述べた．ただこの物質では，側鎖の置換がその相転移の様相を大きく変化させていることからも推定できるように，構造的な要因が相転移の支配要因としてかなり大きな部分を占めていることを特徴としている．これに対して，電子的な要因，言い換えれば電子状態変化のエネルギーが主因となる相転移においては（物理モデルの取り扱いやすさもあって），「光誘起相転移」はどのような特徴を持つのであろうか，という興味が湧いてくるのは自然の成り行きである．さらに，光励起のみならず，化学ドーピング，圧力，温度，電場，磁場など外場によって，電子状態変化が重要な役割を果たす相転移を起こす物質の開拓は，伝導，磁性，誘電性との関連で多くの研究者の関心を集めてきた．特に1980年代後半になると，銅酸化物高温超伝導体の発見をきっかけとして，有機，無機材料を含む多くの物質を対象としたこの種の「電子状態変化」をターゲットとする相転移の探索が，理論・実験両面で集中的に行われた．これらの歴史的要因もあって，前述したπ電子共役ポリマーの研究と並行する形で，「電子状態のエネルギー変化」が相転移の主因となるような材料の探索が，光誘起相転移材料探索研究においても積極的に行われた．その舞台となったのが，有機電荷移動 (CT) 錯体結晶，ラジカル塩結晶である．本章では，特に構造変化と電子状態（スピン状態）変化の結合（電子–格子相互作用）による物性変化を伴う相転移が期待された，有機電荷移動錯体結晶と遷移金属錯体を中心に，まさにこれらの物質で光誘起相転移が見つかった歴史的展開を含め紹介を行う．具体的には，イオン性状態と中性状態を光励起によって入れ替わる有機電荷移動錯体，テトラチアフルバレン

(TTF)–クロラニル (CA) 結晶（図 4.1 参照，[46–48]）と，遷移金属イオンの d 軌道電子配置（スピン状態：spin configuration）変化と構造変化が相関して発生する，鉄アミン系錯体結晶（図 4.2 参照，[6,7,49]）におけるスピンクロスオーバー (spin crossover) 相転移を例として取り上げる．また構造変化の動的変化の直接観測を用いた研究に関しては次章でまとめて紹介することとし，本章では，少し年代は遡るが，主に分光学的手法で行われた研究を，まさにその端緒となった研究を中心に紹介する（その後の進展の詳細は，本シリーズの他書や文献を参照いただきたい）．超短パルスレーザーや顕微分光技術による観測技法の進展の初期段階において，観測技術と物質研究の深化が相互に刺激しあうことで，光誘起相転移過程の研究を進展させていった様子（ならびに当事者たちの興奮）をお楽しみいただければ幸いである．

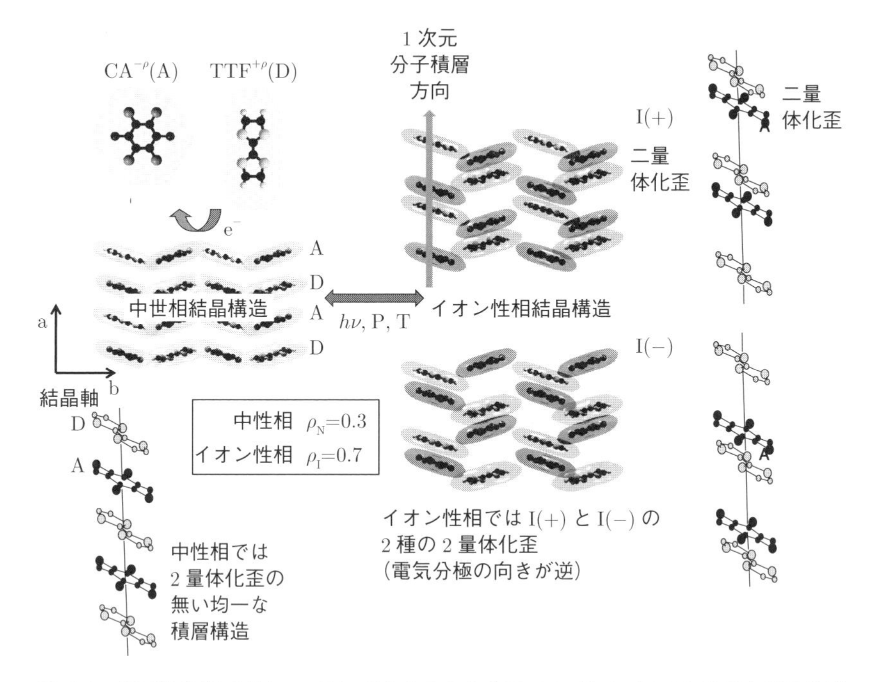

図 4.1　電子供与体（ドナー：D）であるテトラチアフルバレン (TTF) 分子と電子受容体（アクセプター：A）であるクロラニル (CA) 分子が交互に積層した，電荷移動 (CT) 錯体 TTF-CA の構造．ならびにその結晶が示す，中性–イオン性 (N-I) 相転移に伴う，分子の電荷変化と積層構造変化の特徴 [48,50].

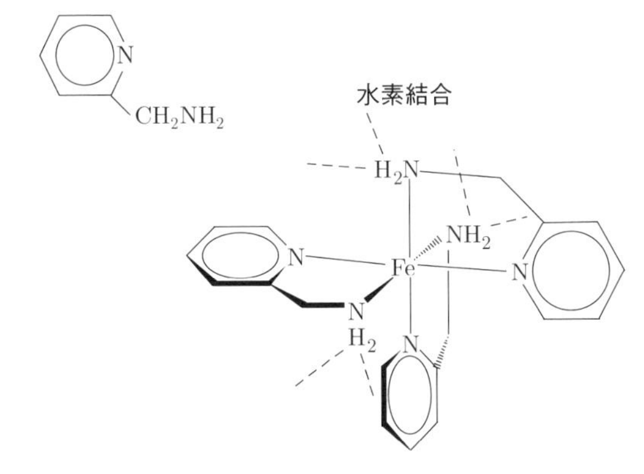

図 **4.2**　遷移金属イオンの d 軌道電子配置（スピン状態）変化と構造変化が相関して発生するスピンクロスオーバー相転移を示す，鉄アミン系錯体結晶の構造 [49].

4.2　光誘起中性–イオン性 (Neutral-Ionic: N-I) 相転移

4.2.1　テトラチアフルバレン–クロラニル (TTF-CA) における中性–イオン性 (N-I) 相転移

TTF-CA は，電子供与体（ドナー：D）であるテトラチアフルバレン (TTF) 分子と電子受容体（アクセプター：A）であるクロラニル (CA) 分子が交互に積層した，電荷移動 (CT) 錯体である（図 4.1 参照）．この物質は，約 82 K(Tc) において，D，A 分子間の電荷移動量 (ρ: $D^{+\rho}A^{-\rho}$) の大きな変化が発生し，イオン化した低温相（イオン (I) 性相）と中性の高温相（中性 (N) 相）の間を入れ替わる，中性–イオン性 (N-I) 相転移を起こすことが知られている [46,47]．TTF や CA 分子の価数を反映した電子状態（可視・紫外光学）スペクトル変化 [50,51]，CA 分子内の電荷と強く結合した C=O 伸縮振動数の変化から，電荷移動量 ρ は中性相では 0.3，イオン性相では 0.7 と見積られている（図 4.3 参照）[52–55]．この転移の際に発生する電子状態の変化の模式図を図 4.4 に示す [56,57]．この相転移の発現には，内在する電子間クーロン相互作用ならびに電子–格子相互作用が重要な役割を果たしている．また低温のイオン性相においては，DA 分子の 1 次元的積層構造に 2 量体歪みが発生し，分極（電気双極子）が生ずることとなる．TTF-CA 結晶においてはこの分極の向きが揃っており，反転対称性

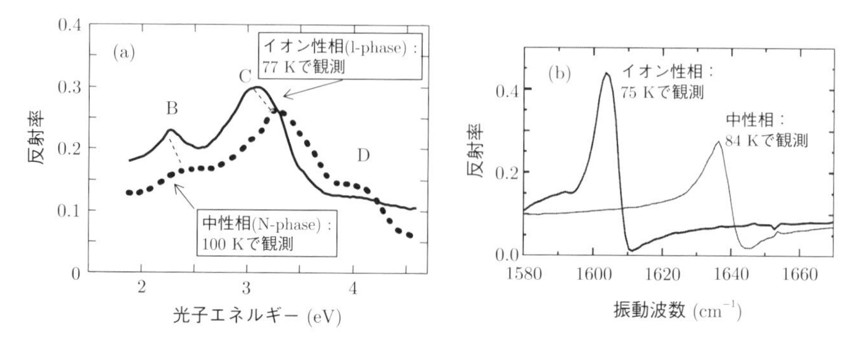

図 **4.3**　N-I 転移に伴う，(a)D(TTF) 分子の分子内遷移に起因する可視〜紫外波長域反射バンドと [56,57]，(b)CA 分子の C=O 結合振動モードによる反射バンドの変化 [58].

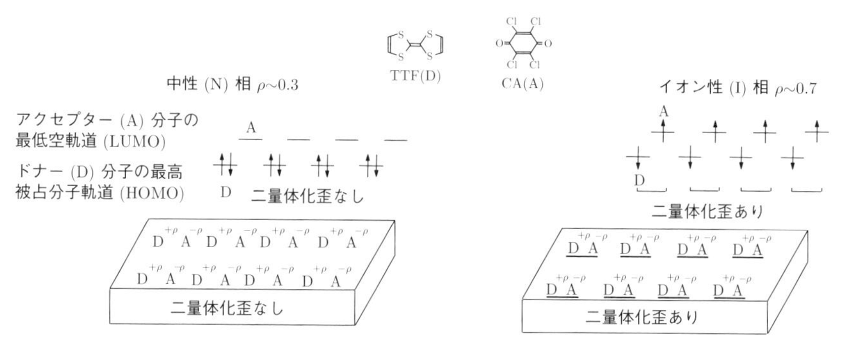

図 **4.4**　N-I 転移に伴う，分子の電子状態変化（分子の価数変化）と誘電構造変化（I 相：強誘電，N 相：非誘電）のまとめ [57].

(inversion symmetry) の破れを伴った強誘電体となっている点が重要な特徴となっている（図 4.1 参照）[48].

TTF-CA 結晶における N-I 転移の特色は，電荷移動度 ρ の変化が分光学的手段によって非接触的にかつ敏感に検出可能な点である．(1) D(TTF) 分子の分子内遷移に起因する可視紫外波長域反射バンド（図 4.3(a)），(2) D，A 分子間の CT 励起に帰属される反射バンド，(3) CA 分子の C=O 結合振動モードによる反射バンド（図 4.3(b)），の 3 つが ρ の変化を反映していることが知られているが，特に (1) の反射バンドの N-I 転移に伴う変化は大きなものであり，ρ のプローブとして最適であると考えられた [50,56,57]．例えば仮に結晶の表面が完

全にイオン (I) 性相から中性 (N) 相に変化したとすれば，図 4.5(a) に実線で示すような反射差スペクトルが測定されることになる．結晶表面が中性相からイオン性相に変化した場合には，逆符号の差スペクトル（図 4.5(a) 破線）が観測されることになる．またその相対的変化の大きさ ($\Delta R/R$) も，結晶表面全体が相転移したとすれば 30%にも達すると予測される．次節では，この反射バンドの光誘起変化に基づいて相転移発生の有無やそのダイナミクスの議論を行うものとする．

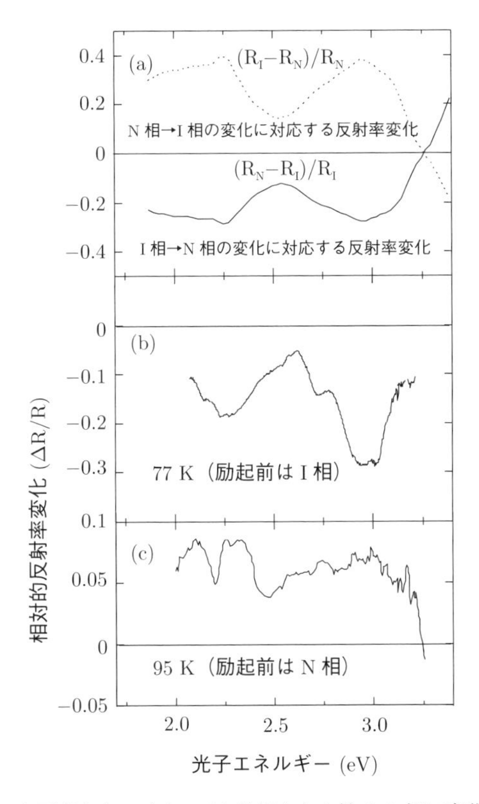

図 4.5 (a) 結晶の表面が完全にイオン (I) 性相から中性 (N) 相に変化した際に期待される反射差スペクトル（実線）と，逆に結晶表面が中性相からイオン性相に変化した場合に期待される差スペクトル（破線）．(b)，(c) は 1.5 eV のレーザー光によって励起した場合に観測されたスペクトル変化である．(b) はイオン性相を励起した場合 (77 K)，(c) は中性相を励起した場合 (95 K) のものである．77 K は励起後 700 ピコ秒のもの，95 K のそれは 800 ピコ秒後のものを示してある [57]．

4.2.2　超短パルスレーザー励起による双方向光誘起 N–I 転移とそのダイナミクス

光誘起 N-I 転移の発生を確認するために我々は，フェムト秒ポンプ–プローブ (pump and probe) 法による時間分解反射率変化の実験を行った．TTF-CA の単結晶は，共昇華法によって数 mm 角のものを作製し用いた．レーザー光のパルス幅は約 100 フェムト秒，検索光のそれは 250 フェムト秒，繰り返しは 1 kHz である．図 4.5(b)，(c) に，1.5 eV のレーザー光によって励起した場合に観測されたスペクトル変化を示す [57]．(b) はイオン性相を励起した場合 (77 K)，(c) は中性相を励起した場合 (95 K) のものである．77 K は励起後 700 ピコ秒のもの，95 K のそれは 800 ピコ秒後のものを示してある．77 K で観測された結果は，図 4.5(a) に実線で示したスペクトルとよく一致しており，光励起によって I 相中に N 相が広がったことを示している．また 95 K における場合には，逆の符号を持った信号が観測された．その形は図 4.5(a) の破線と比較すると，N 相中に I 相が生じたためと考えられる．励起光の光子密度は 400 DA 対に 1 個の励起光子が存在するに過ぎない．ところが図からもわかるように，検索光の波長 3.0 eV での光誘起反射率変化；$\Delta R/R$ は I → N(N → I) 転移においては 0.35 に及んでいる．結晶全体が転移したとしても 0.38 のはずであるから，近似的に結晶表面では 90%近い高率で光誘起 I → N 転移が起きていることとなる．同様にして，N → I 転移における転移効率も約 40%と見積もられる．

これらの結果を総合すると励起光子 1 個で I-→ N，N → I 転移においていずれも数 10 個程度の DA 対を中性化，ないしイオン性化していることが明らかとなった．このような高効率な電荷移動が起きるのは，結晶中のクーロン相互作用や電子–格子相互作用などの協力的相互作用の結果である．相転移物理学の視点から眺めれば，光誘起 N-I 転移は，励起光子のエネルギーが結晶中の CT エネルギーに配分されることで，極めて多数の CT 励起子が格子緩和を伴いつつ生じた凝縮現象であると位置づけられよう．極言すれば光誘起による常誘電状態と強誘電状態との間の相スイッチとさえ言えよう．この点を理論的に解明，予測したのが第 2 章でも触れた那須，豊沢，Luty らによる先駆的な一連の仕事である [20, 22, 48]．

4.2.3 TTF-CA 結晶の光誘起相転移研究の最近の進展

本項では，有機電荷移動錯体結晶，テトラチアフルバレン–クロラニル (TTF-CA) 結晶を例として取り上げ，フェムト秒パルス励起によって双方向の光誘起 N-I 転移が発生することを紹介した．種々の実験から，励起強度依存性における域値的特性などの協同現象としての特徴がその後明らかとなった．特に超高速パルスレーザー技術の飛躍的進展による分光法の発達で，相転過程での光学特性変化に及ぼすフォノンの影響が明らかとなり，どのようなフォノンモードが相転移の進展と密接に関連しているのかなど，理論研究にとっても必要不可欠な観測結果が岡本，岩井らによって得られたことは特筆に値する [59–64]．ところが一方で，これら分光学的手法による研究は，構造情報を直接的に得るわけではないので，どうしても隔靴掻痒の感が否めないこともまた事実である．例えば本当に光誘起の強誘電状態が準巨視的にせよ生ずるのであろうか？といった疑問に答えるには新しい観測手法が必要である．この点を次章（第 5 章）で紹介する．理論面でも微視的な電子軌道間の電荷移動がどのように，結晶全体の格子変形へとつながるのかなど，まさに量子力学的ダイナミクスの立場に立った研究なくしては解明の進まない研究対象であり，様々な研究の積み重ねがまさに現在進行中である．加えて，光励起による CT 反応は，光合成の反応中心をはじめとして，化学，生物学における重要課題として基礎，応用両面で精力的な研究が行われている．光励起による N-I 転移とそのダイナミクスは，協同的光電荷移動反応として位置づけられる現象であり，このような視点からも重要な基礎研究課題として精力的な研究が続いており本書の内容も，研究の歴史的経緯を踏まえた，まさに通過点に過ぎないことを付記させていただく．

4.3 スピンクロスオーバー (spin crossover) 錯体

4.3.1 $[Fe(2\text{-}pic)_3]Cl_2 \cdot EtOH$ 結晶のスピンクロスオーバー相転移の特徴

本節で具体例として取り上げる，スピンクロスオーバー錯体 $[Fe(2\text{-}pic)_3]Cl_2 \cdot EtOH$ 結晶（以後 Fe-pic と略する）は，ピコリルアミン分子 3 個が Fe^{2+}（2 価鉄）イオンの周囲に配位した構造をとっており [15,65]，配位子の 6 個の窒素原子が 2 価鉄に 6 方配位した遷移金属錯体の一種とみなすことができる（図 4.2 参照）[49]．また各構成ユニット間は，塩素イオン (Cl) とエタノール (EtOH) 分子を介した水素結合により結びついており，構成要素間の協力的相互作用（スピン配置–格子相互作用）を生み出す原因となっている．6 方配位子場 (ligand field) 中では，配位子場が弱い（配位子と中心金属間の距離が離れている）場合には，Fe^{2+} イオン中の 6 個の d 電子は高スピン (High Spin: HS) 状態 (S=2) を，配位子場が強い（配位子と中心金属の距離が近い）場合には低スピン (Low Spin: LS) 状態 (S=0) をとることが知られている（図 4.6(b)，(c) にそれぞれの状態のスピン配置を示す）[15,66]．Fe-pic の場合，高温相である HS 相と，低温相である LS 相の間を，転移温度 114 K と 121 K で 2 段階的に一次相転移する．この LS-HS 相間の相転移（スピン状態相転移）は，磁気モーメントの変化（図 4.6(a)）は，もちろん吸収スペクトルの変化（結晶の色変化：図 4.6(b)，(c)）によっても敏感に検出が可能である．図 4.6(b)，(c) に，結晶の吸収スペクトルを透過配置で観測した結果を示す [49,67]．磁気モーメントが大きい HS 状態（図 4.6(a) 参照）では 1.5 eV 付近に $^5T_2 \rightarrow {}^5E$ 遷移に相当する吸収が見られる（結

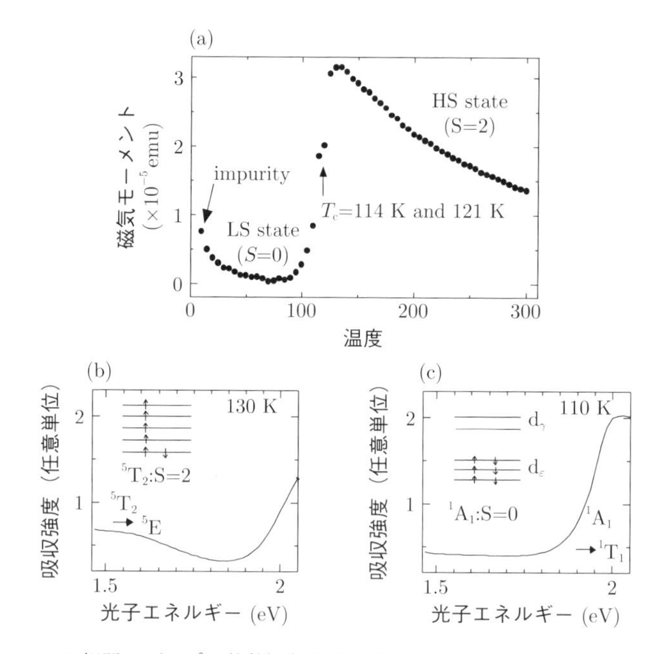

図 4.6　LS-HS 相間の（スピン状態）相転移に伴う，磁気モーメントの変化 (a) と，吸収スペクトルの変化 (b)，(c) [67]．スペクトルの挿入図として，それぞれの状態でのスピン配置を示す．

果として透過光の色は黄色になる）のに対し，磁気モーメントがゼロのLS状態においてはこの吸収帯は消失し，代わりに2.0 eV付近の$^1A_1 \rightarrow {}^1T_1$遷移が支配的となる（透過光の色は赤色になる）．この吸収スペクトルの変化により，LS，HS相の割合を見積もることができる．この転移に伴う吸収スペクトルの温度変化を示したのが，図4.7(a)である．

このような温度誘起の相転移に加えて，Fe-picでは，光励起によってもHS状態とLS状態を相互にスイッチすることが可能である [15,68]（この現象は，研究創始者である，A. Hauser，P. Gutlichらの命名による，LIESST(Light-Induced Excited Spin State Trapping)の名称が使われることも多い）．例えば十分低温で，LS状態にある錯体に$^1A_1 \rightarrow {}^1T_1$吸収遷移に相当するエネルギーの光 (1.8 eV) を照射すると，HS状態に転移させることができる．HS状態とLS状態とのポテンシャル障壁が高いため，光照射によって生じたHS状態を長時間その状態に保つことができることが報告されている [15,68]．また，この準安定なHS状態を，$^5T_2 \rightarrow {}^5E$遷移に相当する光（約1.6 eV）の照射によって，再びLS状態に戻すことが可能であることも報告されている．このようなLS（赤色：S=0）

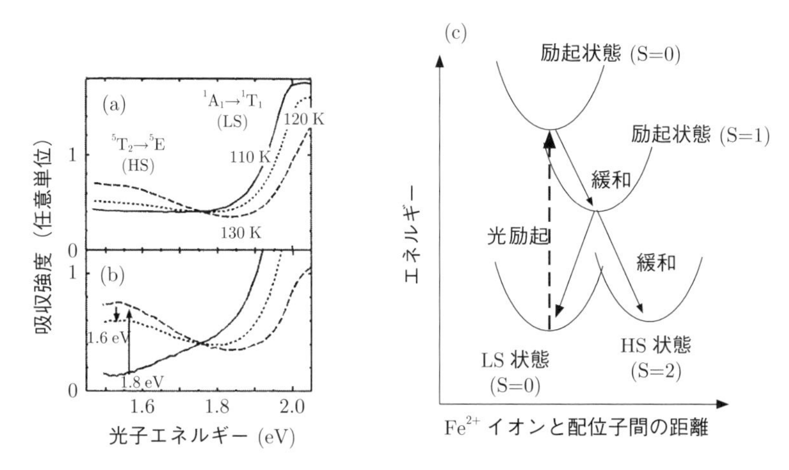

図 4.7 (a) 温度誘起HS-LS転移に伴う吸収スペクトルの変化．(b) 光誘起HS-LS転移（HS → LS転移では1.6 eVの励起光を，LS → HS転移では1.8 eVの励起光を用いている）に伴う吸収スペクトルの変化．(c) 中心金属（鉄+2価イオン）と配位子の間の距離に対比させながら，様々なスピン配置を持ったエネルギー準位間の遷移としてLS（赤色：S=0）→ HS（黄色：S=2）状態の光スイッチ現象を表現した模式図 [67].

と HS（黄色：S=2）状態の光スイッチに伴う吸収スペクトル変化を示したのが図 4.7(b) である．また中心金属（鉄 +2 価イオン）と配位子の間の距離に対比させながら，様々なスピン配置を持ったエネルギー準位間の遷移として LS（赤色：S=0）→ HS（黄色：S=2）状態の光スイッチ現象を模式的に表現したのが図 4.7(c) である．高温 (HS) 相から低温 (LS) 相への光相変化が起きること，光照射をやめた後も十分長い時間（例えば 10 K で 10^4 秒以上）準安定相（HS 相）に留まる，という 2 つの実験結果から，この転移が光照射による単なる温度上昇効果ではないことは明白である．

4.3.2　スピンクロスオーバー錯体における光誘起相転移のダイナミクス

光誘起 LS → HS 相転移ダイナミクスを，励起光強度を様々に変化させながら，吸収スペクトルの変化を用いて追跡した結果を図 4.8 に示す（測定温度は 2.2 K）．

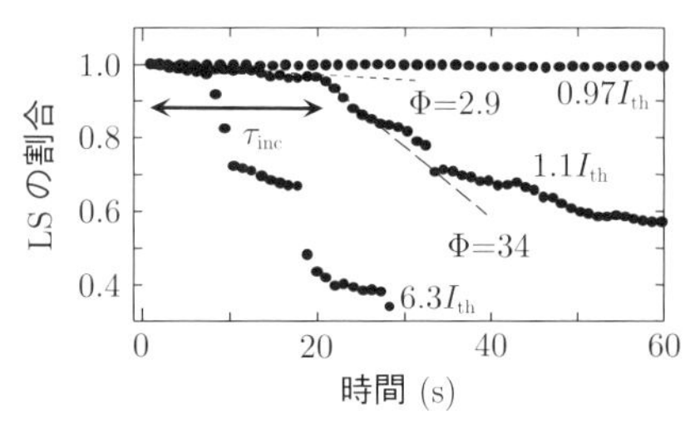

図 4.8　光誘起 LS → HS 相転移ダイナミクスを，励起光強度を様々に変化させながら観測したもの．吸収スペクトルの変化を用いて相転移ダイナミクスを追跡している．$I(\text{photons cm}^{-3}\text{s}^{-1})$ は，結晶 1 cm^3 あたりに毎秒吸収される励起光の光子数である．$I = 0.97I_{\rm th}(I_{\rm th} = 9.0 \times 10^{17}\,\text{cm}^{-3}\text{s}^{-1})$ の場合，10^3 秒以上の時間にわたって光を照射してもほとんど HS 相への転移は見られない．$I > I_{\rm th}$ では，LS から HS への転移が発生する（LS の割合が時間とともに低下する）．また転移過程において孵化時間 ($\tau_{\rm inc}$) が存在し，転移効率 (Φ) が，孵化時間とその後で大きく変化する．$I = 1.0 \times 10^{18}\,\text{cm}^{-3}\text{s}^{-1}(1.1I_{\rm th})$ の強度で光照射した場合，はじめの 20 秒ほどは Φ =2.9 であるが（孵化時間），LS 相中に 7–10%程度の HS 相が生じた所で，転移速度が突然急増し Φ =34 となる（図の破線）．またより強い ($I = 5.7 \times 10^{18}\,\text{cm}^{-3}\text{s}^{-1}$; $6.3I_{\rm th}$) 励起を行った場合も同様で（$\tau_{\rm inc}$ は約 10 秒と短くなっているが），7–10%程度の LS 相が HS 相に変化したときに，転移速度が急激に上昇する．さらに，孵化時間の後に起きている LS 相から HS 相への転移過程に不連続な跳びがある．特に励起光が強い場合 ($I = 5.7 \times 10^{18}\,\text{cm}^{-3}\text{s}^{-1}$; $6.3I_{\rm th}$) に顕著であるが，孵化時間の直後（励起開始後 10 秒）に急激に HS 相の割合が 20%ほど上昇し，暫く（約 9 秒間）転移速度が緩やかになった後，再び 20%近くの LS 相が HS 相へと 1 秒以内に転移する．このような変化を繰り返しながら，結晶全体が LS 相から HS 相へと変化して行く [49].

横軸は照射時間で，時刻 0 から連続光 (1.8 eV) を照射している．1.8 eV の励起光は，試料（厚さ 50 μm）を通過する間に全体の 2〜3%しか吸収されないため，結晶全体は一様に光励起されているとみなされる．この測定から明らかとなった光誘起 LS → HS 転移の重要な特徴の第一は，励起強度 (I) に関して閾値特性が見られることである．ここで I(photons cm^{-3}s^{-1}) は，結晶 1 cm^3 あたりに毎秒吸収される光子数である．図 4.8 からわかるように，$I < 9.0 \times 10^{17}$ cm^{-3}s^{-1}($I_{\rm th}$) の場合，10^3 秒以上の時間にわたって光を照射してもほとんど HS 相への転移は見られない（図 4.8 の 0.97$I_{\rm th}$ 参照）に対して，I が $I_{\rm th}$ よりも大きくなると，LS から HS への転移が発生する（LS の割合が時間とともに低下する）．第二の特徴は，転移過程において孵化時間 ($\tau_{\rm inc}$) が存在し，転移効率 (Φ) が，孵化時間とその後で大きく変化する点である．ここで転移効率とは，結晶に光子 1 個が吸収されることにより，何個の Fe^{2+} イオンが LS から HS 状態に転移したかを示す数値である．例えば $I = 1.0 \times 10^{18}$ cm^{-3}s^{-1}(1.1$I_{\rm th}$) の強度で光照射した場合，はじめの 20 秒ほどは Φ =2.9 であるが（孵化時間），LS 相中に 7–10%程度の HS 相が生じた所で，転移速度が突然急増し Φ =34 となる（図 4.8 の破線）．またより強い ($I = 5.7 \times 10^{18}$ cm^{-3}s^{-1}; 6.3$I_{\rm th}$) 励起を行った場合も同様で（$\tau_{\rm inc}$ は約 10 秒と短くなるが），7–10%程度の LS 相が HS 相に変化したときに，転移速度が急激に上昇する．このような特異なダイナミクスは，協同的なスピン配置–格子相互作用の反映であると考えられる．理論モデルによるこの物質の光応答からも，この考え方を支持する結果が越野らによって得られている．これらの特徴に加えて，図 4.8 を見ると，孵化時間の後に起きている LS 相から HS 相への転移過程に不連続な跳びがあることがわかる．特に励起光が強い場合 ($I = 5.7 \times 10^{18}$ cm^{-3}s^{-1}; 6.3$I_{\rm th}$) に顕著であるが，孵化時間の直後（励起開始後 10 秒）に急激に HS 相の割合が 20%ほど上昇し，暫く（約 9 秒間）転移速度が緩やかになった後，再び 20%近くの LS 相が HS 相へと 1 秒以内に転移する．このような変化を繰り返しながら，結晶全体が LS 相から HS 相へと変化して行く．この振舞いは，光励起によるスピン状態相転移の過程で，結晶中において相分離 (phase separation) が発生していることを強く示唆している [49,67].

Fe-pic の光誘起相転移の過程における相分離の確認は，マクロスコピックな平均的光学特性の測定だけでは困難である．我々は，光励起を行うことのできる低温顕微装置を用いて，光誘起転移過程の直接的観察を試みた（図 4.9）．結晶の温度は 6.4 K であるため，光励起前は結晶全体が LS 相にある．この状態

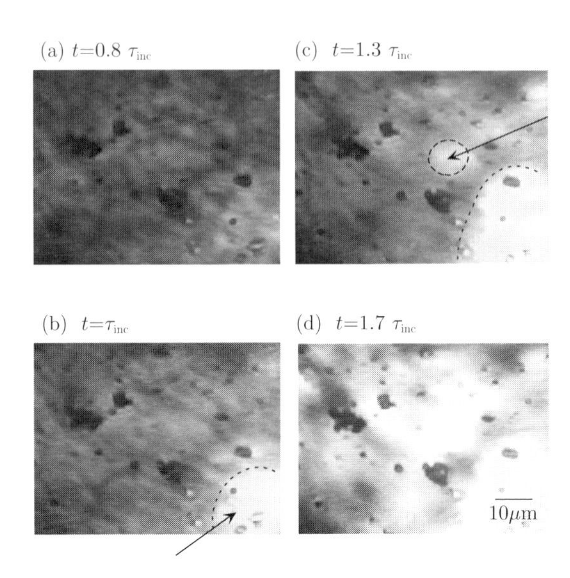

図 4.9　低温顕微装置を用いた光誘起転移過程の直接的観察結果．本図の各画像は 60 μm×67 μm の範囲のものであり，結晶の厚さは約 50 μm である．参照光の波長範囲は 2.17〜2.25 eV であるため，透過光が弱い（黒い）部分が LS 相，透過光強度の強い（白い）部分が HS 相に対応している．各図はそれぞれ光照射開始からの経過時間 (t) が，(a) $t = 0.8\tau_{\rm inc}$，(b) $t \sim \tau_{\rm inc}$，(c) $t = 1.3\tau_{\rm inc}$，(d) $t = 1.7\tau_{\rm inc}$，におけるものである．$\tau_{\rm inc}$ までは，結晶はほぼ一様な状態を保っており，HS 相に転移している部分は見られないが，$t \sim \tau_{\rm inc}$ になると右下に矢印で示すように，20 μm ほどの HS 相のドメインが急激に発生していることがわかる（(b) 点線で囲われた領域）．この後，時間経過とともに，同様に矢印で示すように，新たに 10 μm ほどの HS 相ドメインが結晶中の様々な位置に発生し（(c)，(d) 点線で囲われた領域），最終的には結晶全体が HS 相に変化して行く [49]．

で 1.9 eV の励起光を一様に照射しながら透過光配置での観測を行った結果が図 4.9 である．本図の各画像は 60 μm×67 μm の範囲のものであり，結晶の厚さは約 50 μm である．参照光の波長範囲は 2.17〜2.25 eV であるため，透過光が弱い（黒い）部分が LS 相，透過光強度の強い（白い）部分が HS 相に対応している（図 4.6，4.7 参照）．各図はそれぞれ光照射開始からの経過時間 (t) が，(a) $t = 0.8\tau_{\rm inc}$，(b) $t \sim \tau_{\rm inc}$，(c) $t = 1.3\tau_{\rm inc}$，(d) $t = 1.7\tau_{\rm inc}$，におけるものである．図 4.9(a) のように，$\tau_{\rm inc}$ までは，結晶はほぼ一様な状態を保っており，HS 相に転移している部分は見られないが，$t \sim \tau_{\rm inc}$ になると右下に矢印で示すように，20 μm ほどの HS 相のドメインが急激に発生していることがわかる（図 4.9(b)

点線で囲われた領域). この後, 時間経過とともに, 同様に矢印で示すように, 新たに 10 μm ほどの HS 相ドメインが結晶中の様々な位置に発生し (図 4.9(c), (d) 点線で囲われた領域), 最終的には結晶全体が HS 相に変化して行く. このように, 低温顕微測定装置を用いることで, 光照射による LS → HS 転移過程において相分離が実際に発生することを, 直接的に確認することができた. これは, 様々な波長を持ったダイオードレーザーという高輝度光源がまさにこの実験が行われた 20 世紀末に実現され, その結果この種の低温動的顕微観測が手軽な測定手段へと急速に変貌したおかげである点を強調させていただく.

4.3.3 スピンクロスオーバー錯体の光誘起相転移研究のその後の進展

本項では, 遷移金属錯体結晶の一種であるスピンクロスオーバー錯体結晶 $[Fe(2\text{-}pic)_3]Cl_2\cdot EtOH$ で発現する, 光誘起スピン状態相転移と, その動的特性を紹介した. 光誘起相転移の過程では, 相転移効率の励起強度に対する閾値特性や, 転移過程における孵化時間, 相分離の発生など, 光誘起協同現象の様々な特徴が観測された. その後この特徴を活かして, 光と磁場を組み合わせた相制御や, 転移過程を詳細に知るための過渡吸収測定などが報告された. もちろんこれは前節の TTF-CA 同様, 光誘起相転移に伴う中心金属–配位子間距離の変化を含む構造変化が, 本物質にも当然期待されることとなる. 実際この種のスピンクロスオーバー錯体材料の研究が盛んなヨーロッパにおいて, 21 世紀に入って X 線とレーザーを用いた研究が盛んに行われており, これについては次章でまとめて紹介する.

2.2.5 項でも紹介したが, 近年の非平衡統計物理学の研究の進展により, 光誘起相転移現象の理論面に関しても様々なアプローチがなされている. 花村, 永長, 小川らによって始められた理論的研究は, 従来は共役ポリマー・ポリジアセチレンに関するものが主であったが, 最近になって電荷移動錯体などの多様な系に拡大されつつある. なかでも 2.2.5 項で紹介した ① の確率動力学的立場での研究では, 結晶内の弾性的相互作用を介した比較的遅い時間スケールの光誘起相転移を示す (本節で紹介した) スピンクロスオーバー錯体が格好の適用対象となり, 越野, 小川による単純化したハミルトニアンによる相転移ダイナミクスの予測や [69], 都立大の酒井らによる Monte-Calro simulation の試み [70], さらには仏のバレット, カメル, 日本の宮下らによるイジングスピンモデル (Ising spin model) の拡張利用 [71] など多彩な試みが行われている. そして光誘起相スイッチ現象とその過程で観測された閾値特性，ヒステリシスなど様々な非線形特性の説明が比較的単純なモデルから導き出されている．さらに本現象の研究は，高感度光メモリーの開発や，その光スイッチング特性の研究という応用的観点からも関心を持たれるようになり，基礎と応用，金属錯体の合成と物性という両面から，現在欧州，特にフランスを中心に集中的な研究が 21 世紀に入って進行中である [72].

第5章 高速レーザー，量子ビーム技術の発展がもたらした観測技術の大変革

5.1 光励起状態における電子–構造相関の観測に要求される性能

従来の物質科学によって創り出されてきた膨大な種類の各種機能材料の主要部分は，平衡状態下での時間的，空間的に均一な構造を基盤とし，その枠組みにより規定される物性が基本特性を決定している．そこでは静的に安定した構造が基本的な概念とされてきた．従来型の物質を利用した機能素子設計では，この考え方が十分に有効な指導原理であったが，その反面で，ある種の物質に秘められている動的な構造と，それがもたらす多彩な物性とその機能の可能性を見通す事を妨げてきた．この障害を乗り越えるべく，「変化」し「揺らいでいる」物質の構造や状態が，本質的な役割を担う場である「非平衡 (nonequilibrium) 状態」において，物質の特性やその発現機構解明を行おうとする，「非平衡物質科学」とも呼べる新規な物質科学領域の創出の試みとしての光誘起相転移分野の研究が，分光学的手法を用いた先進的な研究手法を手掛かりに今まさに大きく進展していることを，前章までに紹介してきた．しかしながら，エネルギー多重状態と物質相増殖過程を特徴とする，光誘起相転移過程における構造変化を，分光研究から予測される時間スケールでとらえる手段はつい最近まで皆無であった．電子状態と物質構造が一体となった，極短時間の変化の機構を，各種技術の発展を最大限に利用してナノスケール・オングストロームスケールの検索法で理解し，制御しようとする試みを紹介することが本章の目的である．

光などの励起によって，基底状態とは異なる状態となった物質は，分子など孤立系の場合には局所的な変形を起こす．これがよく知られている光反応などである．一方，固体のような凝縮系の場合には，第1章でも述べたように，内在する協力的相互作用を介して結晶全体の格子変形のような，マクロな物理量の変

化を起こしながら緩和してゆく場合がある．その途中に自由エネルギー曲面の極小状態があると，準安定相として比較的長い時間存在可能となり，過渡的な非平衡物質相として観測されることとなるのは繰り返し議論してきたとおりである．特にこの準安定状態が，基底状態とエネルギー的には縮退した状態にもかかわらず，光励起緩和状態のポテンシャル曲面に沿った異なる秩序状態となっている場合は「隠れた秩序状態 (hidden state)」と呼ばれている（図 1.4）[8,9]．この状態は同じ物質でありながら，熱などの通常の手段では実現できない別の物質相が表に出てくるため，非平衡状態の特色の 1 つとして基礎研究者の大きな関心を呼んでいる．さらにこの現象を利用して温度効果の影響を受けにくい光メモリー，相スイッチ材料が実現可能となるため，最近では応用面でも関心を集めている．

一方で，ナノ・オングストロームスケールの構成分子や原子が励起された後の固体の構造などは，固体に内在する電子–格子相互作用や電子間相互作用を介してフォノンなどの構造の揺らぎを引き起こすため，緩和に関与する素励起の振動周期程度の時間で揺らぐことが，前章でも述べたとおり当然予測される．言い換えれば，励起された状態から協力的相互作用を介して新たな物質相に移って行く「増殖」の初期過程の時間スケールは，フォノン振動の逆数程度という極短時間となるのである．このため励起手段，検索手段ともに ps（10^{-12} 秒）～ fs（10^{15} 秒）程度の極限的短時間分解能を持った測定が必要となり，先端的光源技術，測定手段の組み合わせが必須のものとなる．この先端的量子ビーム技術を組み合わせた測定法に関して次節で解説する．

5.2　光励起状態における物質構造の観測方法（ポンプ–プローブ (pump and probe) 法）

このように「励起」（ポンプ）を行った後，時間とともに構造や電子状態がどのように変化したかを調べる（検索する）ことで，基底状態とその構造に束縛されない，新しい機能物質の開発が可能となると期待されるのであるが，この過渡的にしか存在できない，励起状態の自由エネルギー面に載った物質の特性や構造はどのように評価すればよいのであろうか？基底状態の場合には，様々な検索手段を用いて（プローブ）その電子状態や構造を調べる手法が発達している．特に電子状態に関しては，遠赤外から真空紫外の広範囲にわたる反射・吸収分光測定や，光電子測定が，構造に関してはX線回折やX線吸収分光 (XAS) が有名である．これを動的に変化するものに適用する努力は40年近く，時の先端光源の進歩と歩調を合わせつつ積み重ねられてきた．とりわけ最近20年間の，超短パルスレーザー技術と量子ビーム技術，さらにはレーザーと加速器同期技術の進展は飛躍的なものであった．この成果を活用し，物質をパルスレーザー光や電子線，X線などの各種パルス量子ビームで励起（ポンプ）し，その後の電子状態や構造の変化を，パルス量子ビームを用いた上記の検索技術で観測（プローブ）する「ポンプ–プローブ法」と一般に呼ばれる観測技法が，この10年ほどの間に急速に普及しつつある（図5.1）．特に，ポンプ，プローブの両方の光・ビーム源ともにパルス（図5.1では，励起光，検索光のパルス幅がそれぞれ t_1，t_2）であれば，その時間分解能は両者のパルス幅によって規定され，検出器やその増幅系などの時間分解能には制限をされないこととなる．本章ではパルスレーザー光をポンプ，放射光（SR(Synchrotron Radiation) 光）からのX線をプローブとする場合を具体例として解説する．

この種の実験のためには，まずポンプ，プローブ2種類の光源間の時間間隔 Δt を正確にとれる（同期）システムが必要である．放射光とレーザーの場合について，装置全体とその動作の概念図を図5.2に示すが，詳細な数値などは

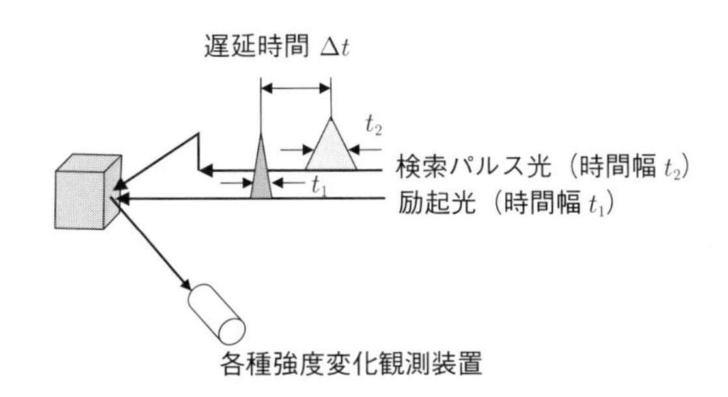

図 5.1 ポンプ–プローブ測定法の原理.

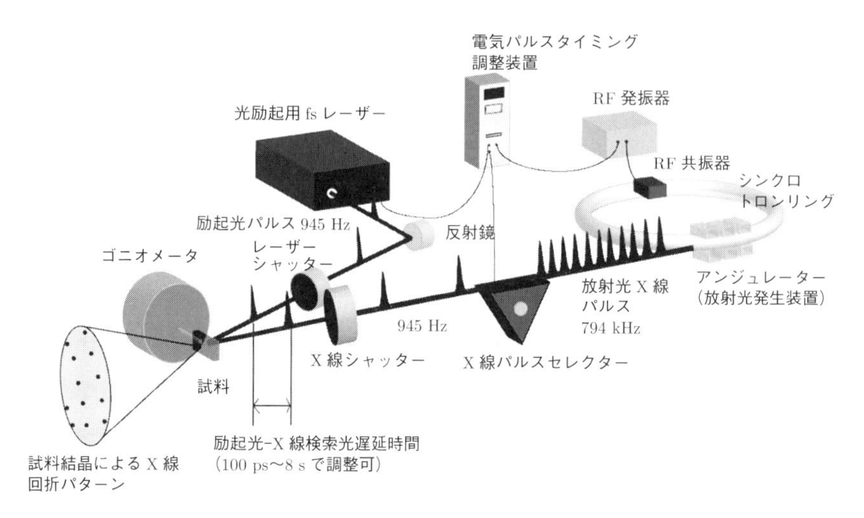

図 5.2　励起（ポンプ）光として超短パルスレーザー，検索（プローブ）光として放射光の X 線を用いる場合について，装置全体とその動作原理の概念図 [73].

PF-AR リングを例にとって説明を以下では行う [73]．この図に示すように，シンクロトロン放射光源（SR 光源）からは，約 1 MHz（この場合 794 kHz）の繰り返しでパルス幅約 100 ps の X 線パルス（SR 光）が得られる．この X 線は，線源となる電子を加速する RF 電磁波（図の RF 発振器で発生させる）に完全に同期している．この RF 波を用いてレーザーのモードロックを行うと，パルス幅 120 fs のレーザーと SR 光が完全に同じ発振器からの RF に同期することなる．またレーザーは約 1 kHz(946 Hz) の繰り返しで発振するため，約 1 MHz で発生する X 線は同期回転する機械式シャッター（X 線パルスセレクター）で 1000 分の 1 に間引きし，レーザー 1 パルスに対し，X 線も必ず 1 パルスという対応関係を維持している．このレーザーパルスと X 線パルスの間隔は，両者の同期に用いる RF 電磁波の位相を，位相変調器で変化させれば，容易に制御可能である（図 5.3）．これによって，光で励起された後の構造変化を数 10 ps 間隔という短時間間隔で X 線回折像や X 線吸収スペクトルを観測することで追跡可能となるのである．この各種制御信号，励起，検索各パルス光の時間関係をまとめて図 5.3 と図 5.4 に示す．この複数先端光源同期装置を用いた実際の測定例を次節では紹介する．

もちろん励起光源のみならず検索光源にも 120 fs のレーザー光やそれを用い

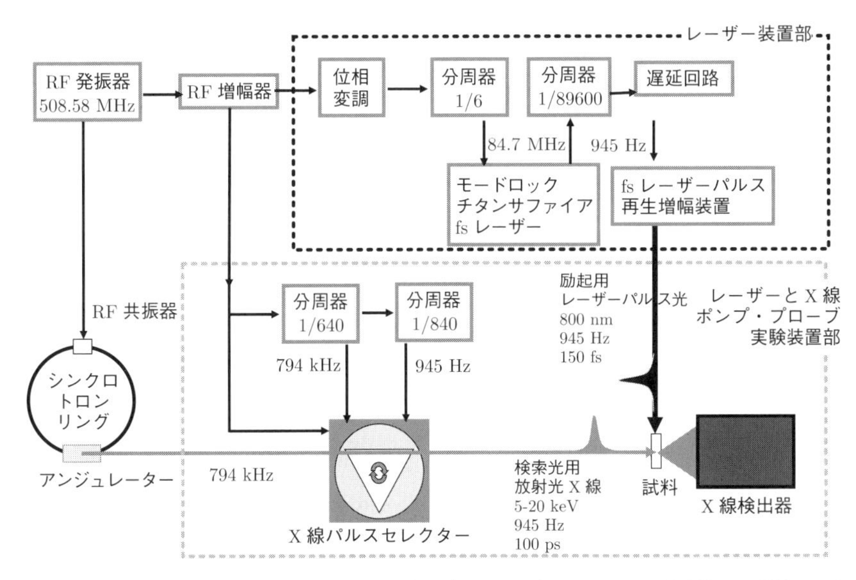

図 5.3 図 5.2 の装置の場合の，励起，検索各パルス光の繰り返し周波数の関係と遅延時間の関係 [73].

て発生させた電子パルスを用いれば，今や 2 台の様々な波長のレーザーの同期した発振が可能なため，電子状態（反射・吸収スペクトル）や電子線回折（結晶構造）の変化を fs の正確さで追跡できることとなる．つまり，このポンプ–プローブ法を用いれば，短パルス光・ビーム発生技術が確立さえすれば，電気信号処理では不可能な，ps(10^{-12} s) や fs(10^{-15} s) といった超短時間の変化の測定が可能である．今や量子ビーム技術の発展は，数 fs のパルス幅のレーザー光や数 10 fs 幅の電子線すら研究室レベルで達成可能とし [74–82]，SR 光施設を利用すれば数 10 ps の軟・硬 X 線は日常的に利用が可能，さらには数〜100 fs のパルス幅の X 線パルスすら超高強度レーザーや自由電子レーザーの登場で手が届きつつある [83–93]．このため固体中の各種素励起の振動周期の逆数程度という非常に高い時間分解能で，電子状態，構造の変化を逐一追ってゆくことが可能となりつつある．この現状と，実際に物質科学でどのように先端的ポンプ–プローブ観測法が利用されつつあるのかを，後節では具体的な物質に関する測定例を用いて紹介する．特に典型例として，(1) 有機電荷移動錯体における fs 光相スイッチ現象の光ポンプ–光プローブ法による研究，(2) X 線散漫散乱を利

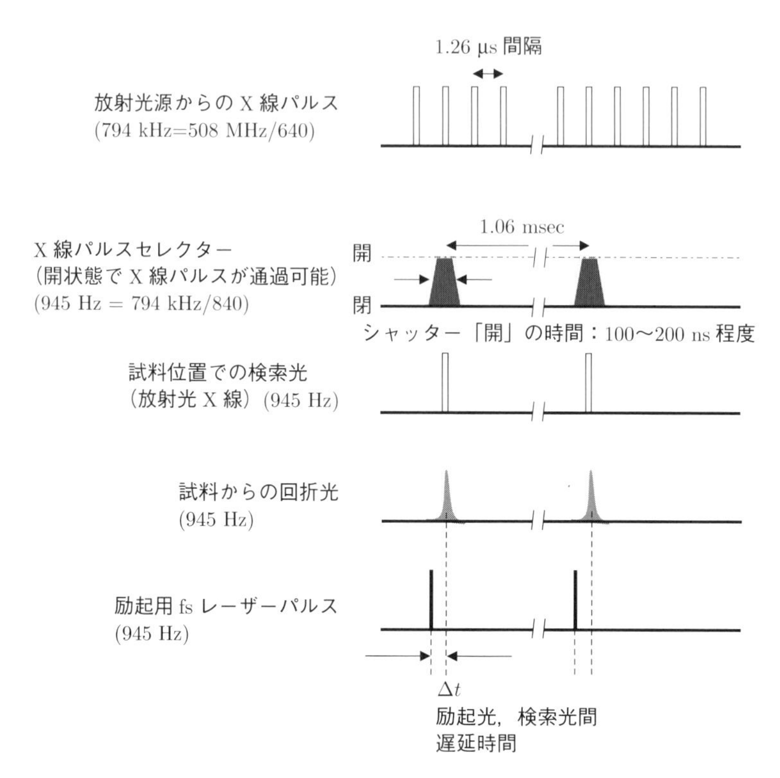

図 5.4 図 5.2 の装置の場合における，各種制御信号とポンプ光，プローブ光との時間関係 [73].

用した，有機電荷移動錯体における光相スイッチ過程でのドメインダイナミクス (domain dynamics) の観測，そして (3) 光ポンプ–psX 線プローブ法を用いた Mn 酸化物系における「隠れた秩序状態の発見」を取り上げる．

5.3 光誘起中性–イオン性相転移に伴う結晶構造変化の観測例 —光誘起強誘電—

前節で光誘起構造転移に伴う，反転対称性の破れが，実際に光誘起 N → I 転移に伴って引き起こされている可能性が高いことを紹介した．実際に，格子構造のオングストロームスケールに至る精密構造変化を検出するためには，高速にオングストロームスケールの構造変化が検出可能な，時間分解X線構造解析技術（分子動画技術）の開発が必要不可欠である．この目的の達成のために，我々はヨーロッパの研究グループ（レンヌ大学，ブラツワフ工科大，ヨーロッパ軌道放射光施設：フランス　グルノーブル）と共同で，ESRFのビームライン09にある既存装置を改良し，100ピコ秒の時間分解能を持った単色X線構造解析装置として利用可能とした（動作原理は前節の説明と原理的に同じものを用いている）．

この装置を用いて，光誘起N-I転移に伴う格子変化を，回折像の変化として観測した結果が図5.5である[94]．光励起2ナノ秒前($\Delta t = -2\,\mathrm{ns}$)のX線回折像においては(030)面に対応するピークは観測されていないのに対して，励起1ナノ秒後($\Delta t = +1\,\mathrm{ns}$)には観測されている．これは，反転対称性のある非誘電体相であるN相状態にあるTTF-CA結晶が，光励起によって，電荷移動したI相に変化するにあたり，やはり結晶の反転対称性も破れて強誘電体になったことを示している．つまり光励起が，オングストロームスケールの結晶ひずみを巨視的に積み上げ，実際に強誘電秩序を生み出せる（光強誘電(photoinduced ferroelectricity)現象）ことを初めて確認したデータである．さらに，様々な結晶回折点強度の時間変化データを1000ほど総合して計算された，図5.6に示す，光励起による平均的結晶構造の変化からは，わずか0.1 Å程度の分子の動きが光CTドミノ発現の鍵を握っていることも明らかとなった．

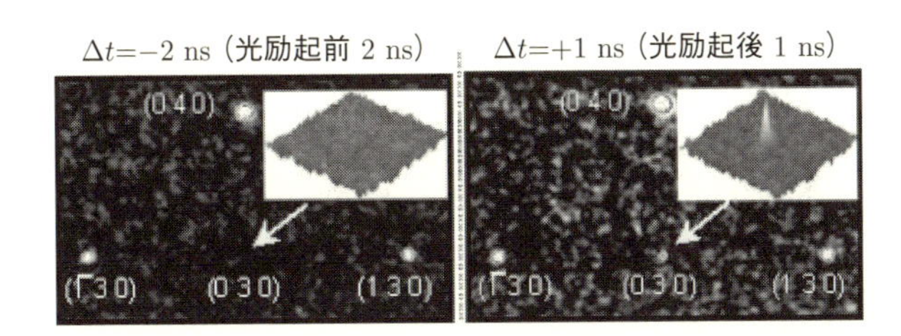

図 5.5　図5.2の装置を実際に用いて，TTF-CA単結晶における光誘起N-I転移に伴う格子変化を，回折像の変化として観測した結果．光励起2ナノ秒前($\Delta t = -2\,\mathrm{ns}$)のX線回折像においては(030)面に対応するピークは観測されていないのに対して，励起1ナノ秒後($\Delta t = +1\,\mathrm{ns}$)には観測されている．これは，反転対称性のある非誘電体相であるN相状態にあるTTF-CA結晶が，光励起によって，電荷移動したI相に変化するにあたり，やはり結晶の反転対称性も破れて強誘電体になったことを示している[94]．

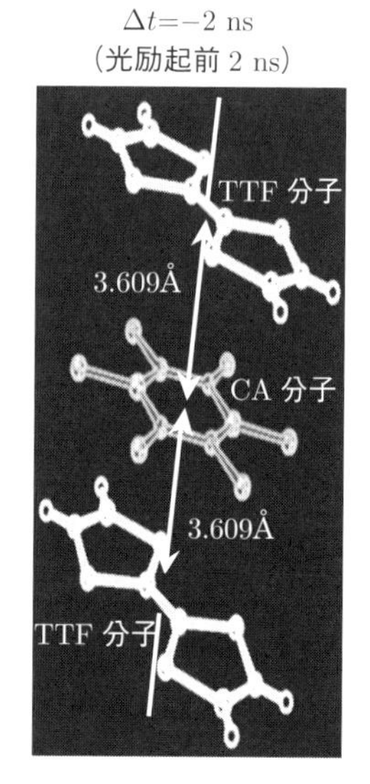

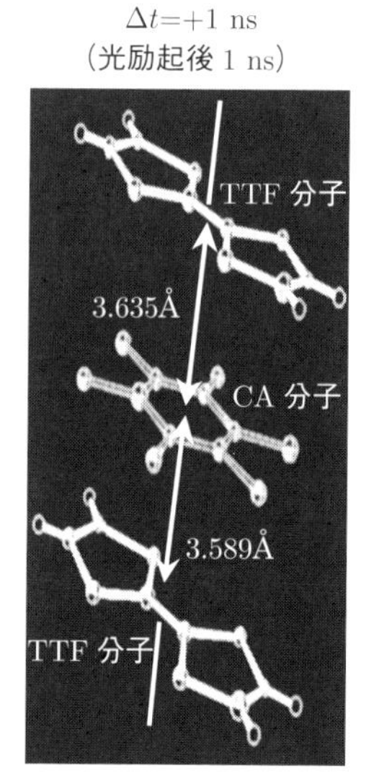

図 5.6　TTF-CA 単結晶における光誘起 N-I 転移に伴う平均的結晶構造の変化．およそ 1000 点ほどの回折点強度の時間変化データを総合して得られたものである [94].

5.4　時間分解 X 線散漫散乱 (diffuse scattering) 観測を用いた光誘起中性–イオン性相転移過程の観測例

X 線回折のパターンは，結晶構造の空間フーリエ変換であるが，結晶が小さくなってくるとブラッグ散乱パターンはどのように変化するのであろうか？散乱体がある方向に薄ければ逆格子点はその方向に延びて，散乱体が棒のようだと，逆格子点は板のような 2 次元的に広がったもの，いわば散乱面となる．例えば，図 5.7 の下側のように，a 軸に沿って細長い結晶だと，ブラッグ点がその右側の面のように広く薄く 2 次元的な面のように広がったものとなり，一般に散漫散乱と呼ばれている．今，図 5.8(a) に灰色球で示した結晶が，(b) の黒丸のようなブラッグ点のパターンを作ると仮定する．その中に，少し何らかの異なる構造を持った 1 次元の白い結晶素片（図 5.8(a)）が混じると，(b) の灰色面のような散漫散乱パターンが生じることとなる．

言い換えれると，結晶中に周期的に並んだ原子・分子が X 線を回折させる反射面を形成するのであるが，この周期性が保たれている領域の大きさが有限と

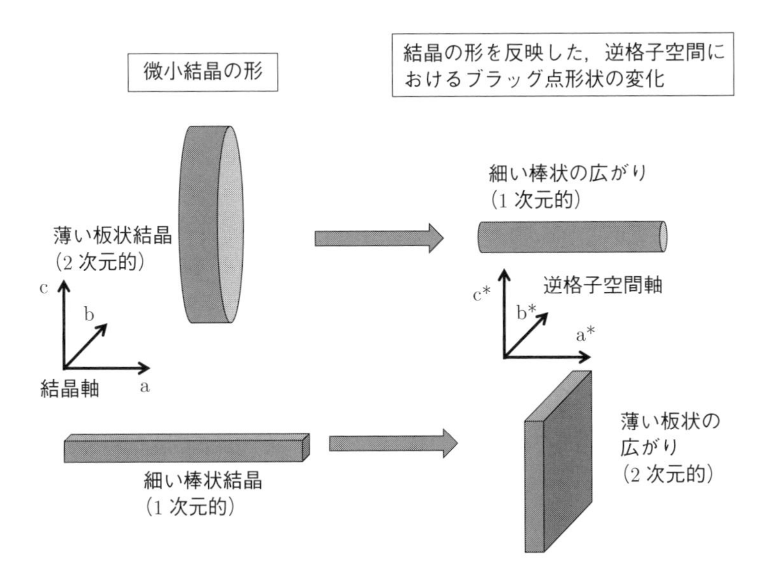

図 **5.7** 結晶が極限的に小さくなった場合に，ブラッグ散乱パターンがどのように変化するのかを示した模式図．散乱体がある方向に薄ければ逆格子点はその方向に延びて（上側），散乱体が棒のようだと，逆格子点は板のような 2 次元的に広がったもの，いわば散乱面となる（下側）．例えば，本図下側のように，a 軸に沿って細長い結晶だと，ブラッグ点がその右側の面のように広く薄く 2 次元的な面のように広がったものとなり，一般に散漫散乱面と呼ばれている．

なると，回折線に幅が生じる（回折角が広がっていわば「にじん」でしまうとも例えられよう）のである．この「にじみ」の幅は周期性が保たれている領域の大きさに反比例し，形の異方性（今の場合 1 次元的）があればそれを反映して「にじみ」方も異方的（今の場合 2 次元面）なものとなるのである．

この灰色面の厚さを (c) のような X 線散乱強度断面図を用いると測ることができる．例えば (c) の白線に沿った断面図が (d) であるが，その半値幅（前述の「にじみ」の程度）は (a) 中に白球で示した結晶素片の長さの逆数になっていて，この結晶素片の長さを評価できることになる．この白い結晶素片がどんどん時間とともに変化し，全体の相変化へとつながってゆく様子を 100 億分の 1 秒以下の時間分解能で観測した実例を本節では紹介する [95].

前章ならびに本章前節で，光誘起中性–イオン性相転移を示す例として取り扱った，TTF-CA 結晶の構造は，1 次元積層型電荷移動錯体と呼ばれる特徴を持ったものであり，まさにナノワイヤ構造となっている．図 5.9（ここでは簡

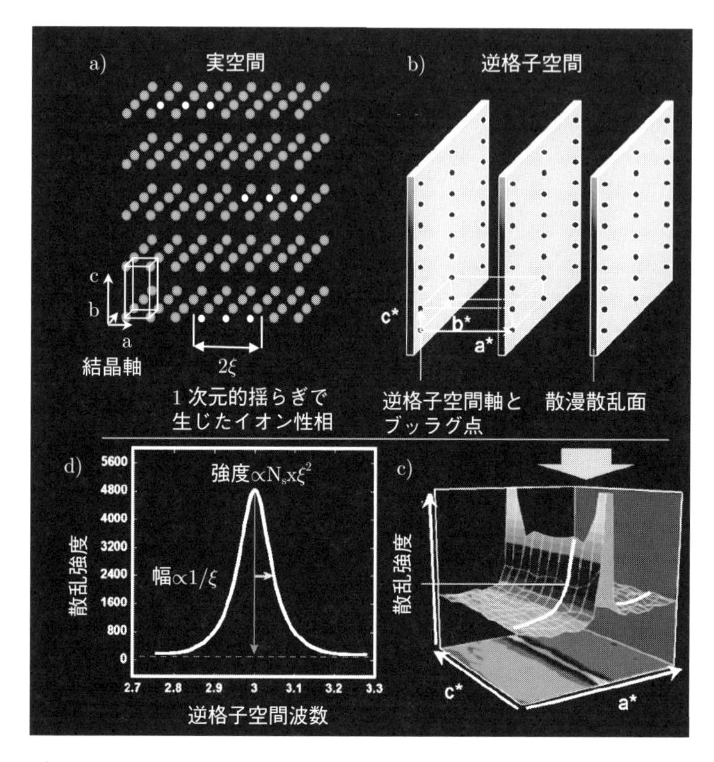

図 **5.8**　今，(a) に灰色球で示した結晶が，(b) の黒丸のようなブラッグ点のパターンを作ると仮定する．その中に，少し何らかの異なる構造を持った 1 次元の白い結晶素片（(a)）が混じると，図 5.7 で説明したように，(b) の灰色面のような散漫散乱パターンが生じることとなる．さらにこの灰色面の厚さを (c)，(d) に示したような，X 線散乱強度断面図を用いて測定すると（例えば (c) の白線に沿った断面図が (d)），その半値幅が (a) 中に白球で示した結晶素片の長さの逆数に対応しているため，この結晶素片の「長さ」を評価できる [95].

略化した図面を理解の便のために示すので，詳細は前 4 章の図 4.1 を参照されたい）に示すように，前章でも説明したとおり電子を放出しやすいテトラチアフルバレン (TTF) と受け取りやすいクロラニル (CA) 分子が交互に積み重なっている方向（a 軸）が，図 5.9 の右側に矢印で示すようにまさに 1 次元の糸の伸びる方向に対応していることになる．さらにこの交互積層 1 次元構造の錯体 (TTF-CA) では，TTF 分子と CA 分子の間で電荷移動を起こして，温度や圧力，光励起でその電荷移動度 (ρ) が大きく変わる相転移を起こす，というのが前章

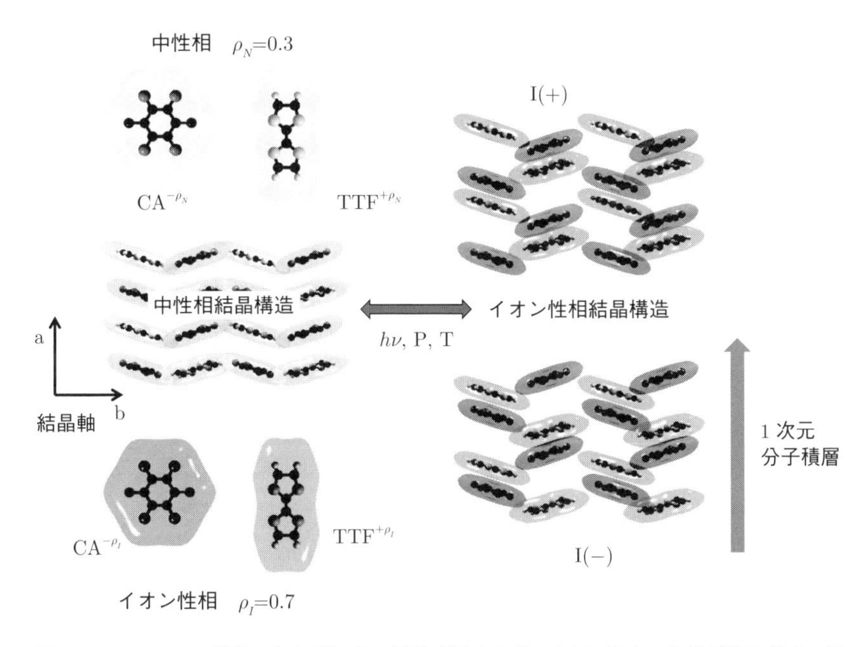

図 5.9 TTF-C の構造，ならびにその結晶が示す中性–イオン性 (N-I) 相転移に伴う，分子の電荷変化と積層構造変化の特徴のまとめ [48].

で説明した光誘起中性–イオン性相転移の本質である（4.2 節と図 4.1 を参照）. さらにその転移の際に，イオン性相では TTF と CA の分子間の距離が交互に歪んで強誘電体になることを特徴としている点も前章で説明したとおりである. この物質の中性相（高温相）に光を当てて，中にイオン性の部分（素片）を生み出して，最後は結晶全体がイオン性に変わってゆく過程での散漫散乱は時間とともにどのように変化するのであろうか？特に 1 次元性を反映して，ちょうど糸のような細長いイオン性ドメインが形成されれば，これによる散漫散乱面の形成を反映したデータが観測されるはずである. そこで前節で解説した SR 光源とレーザー同期システムを用いて，X 線散漫散乱観測を行った. 光励起によって部分的に生じたイオン性結晶による 1 次元的「新結晶」を約 100 ピコ秒の時間分解能で観測することが可能か試みたわけである [95].

横軸の時間 0 ps のところで先ほどのレーザー光で，図 5.9 に出てきた中性相の TTF-CA 結晶を励起すると，最後は結晶全体がイオン性相に変化する. この様子を模式的に描いたのが図 5.10 の下側の左端と右端である. この光誘起で

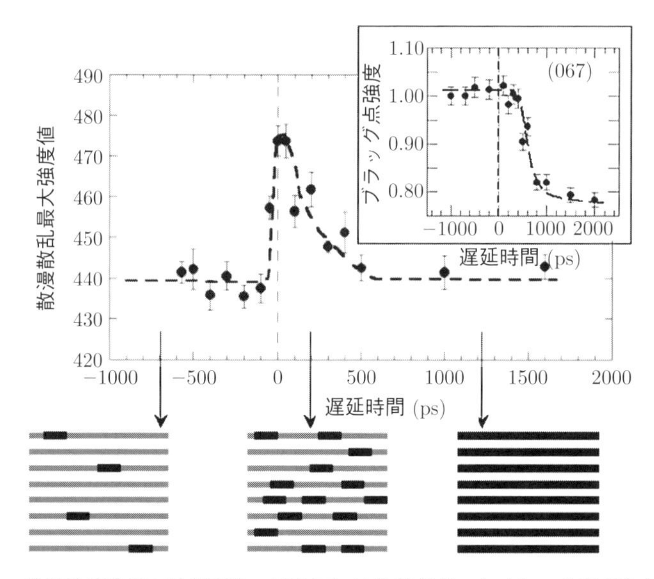

図 5.10　散漫散乱強度の時間変化．挿入図には比較参考のために，典型例として (067) の指数に対応するブラッグ点回折強度の時間変化を示す．中性相の TTF-CA 結晶を光励起すると，最後は結晶全体がイオン性相に変化する．その途中では，中性の分子の 1 次元積層（灰色球の積層）方向に延びたイオン性相の素片（電荷移動励起子ストリングと専門的には呼ばれている：図 5.8(a) の白色球部に対応）が生じる．この様子を模式的に描いたのが本図下側の図面である [95]．

起きる相変化の途中で，三次元的な規則性が局所的に乱されることにより，相変化に伴うブラッグ回折変化とは異なる様相が現れることとなる．図 5.10 の挿入図には典型例として (067) の指数に対応するブラッグ点回折強度の時間変化を示すが，実際こちらは相変化に伴う新たな相の巨視的ドメインの生成とともに強度が比較的ゆっくりと変化してゆくのがおわかりいただけるであろう．中性の分子の 1 次元積層（灰色球の積層）方向に延びたイオン性相の素片（電荷移動励起子ストリングと専門的には呼ばれている：白色球部）が生じ，局所的に反転対称性が破れた状態が出現する．光誘起相が全体を変換し終える最後には，この反転対称性の破れた構造が全体を覆い尽くす事になると考えられているが，これが本当なら，変換の途中では先ほどの散漫散乱の原理に従って，白色の素片（一元構造）に起因する『散乱面』とも言えるものが生じて，相変化に先んずる前駆現象として散漫散乱強度が増加するはずである．これを実証したのが図 5.10 に示した観測データである（破線はデータの平均値から推測される時間変化である）．実際に，巨視的な相変化が起きて，回折強度が変化し終える前の時間領域で，散漫散乱の強度が励起直後に急激に増加し，巨視的変化の終了前には消えていることが明らかとなった [95].

さらにこの測定から，相転移の過程での散漫散乱面の厚さの変化，言い換えればイオン性の素片の長さを見積もることも可能である．加えて，散漫散乱強度は散乱体の個数 (N_s) と相関長 (ξ) から $N_s \cdot \xi^2$ で与えられるため，散乱強度と相関長の時間変化が実験的に求まれば，Ns のそれも求まることとなる．実際見積もると，結晶中に TTF と CA 分子がそれぞれ 8 個程度のペアからなるナノメートルサイズの 1 次元的な前駆体（イオン性の糸くず）が現れており，フェムト秒レーザー光の励起により，むしろ前駆体の個数 (N_s) が増加し，前駆体のサイズ (ξ) はほとんど変わらないことが明らかとなった．これまで，光照射後の状態は，温度による相転移の際に現れる構造と同様，前駆体のサイズがより長くなった状態となることで，相変換が進行するであろうと考えられてきた．しかし実際の結果はこのような予測とは異なって，結晶中で前駆体の長さよりも個数が増加した状態になって光誘起相転移が進行してゆくことが明らかとなった [95]．このような結果は，まさに動的構造の観測なくしては達成できないものである．

5.5 Mn 酸化物系における「隠れた秩序状態」の発見

遷移金属酸化物に代表される強相関電子材料は，近年の物性物理学の重要な研究課題として精力的に研究されており，また工業的には高集積メモリー (ReRAM) などの電子デバイスへの応用が期待されている．中でもペロブスカイト (Perovskite) 型構造を持ったマンガン酸化物（図 5.11）は，負の巨大磁気抵抗効果の発見を契機に精力的な研究がなされてきた．ペロブスカイト型マンガン酸化物は低温では安定で静的な構造として d 電子軌道が規則正しく秩序だった「軌道秩序」（この場合，d_{3x2-r2} 軌道と d_{3y2-r2} 軌道状態が交互に並んだジグザク配置になっており，結晶構造も異方性が生ずる）（図 5.12 右側）をとり絶縁体相となっている．いわば遷移金属と周囲の酸素原子との間の化学結合に関与する電子軌道が，各々規則正しく異方的な並び方をとるため電子は動きづらい状態になっているのである．これに対して高温ではこの秩序が消滅し，d

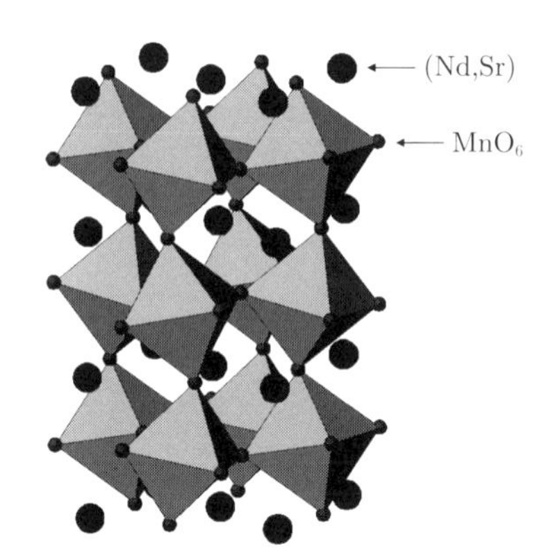

図 5.11　$SrTiO_3$(011) 基板上に積層された $Nd_{0.5}Sr_{0.5}MnO_3$ 結晶薄膜 (NSMO/STO(011)) の構造（ペロブスカイト型構造）[97]．Mn イオンに配位する酸素原子が構成する 8 面体が，頂点酸素を共有する形で構成されている．

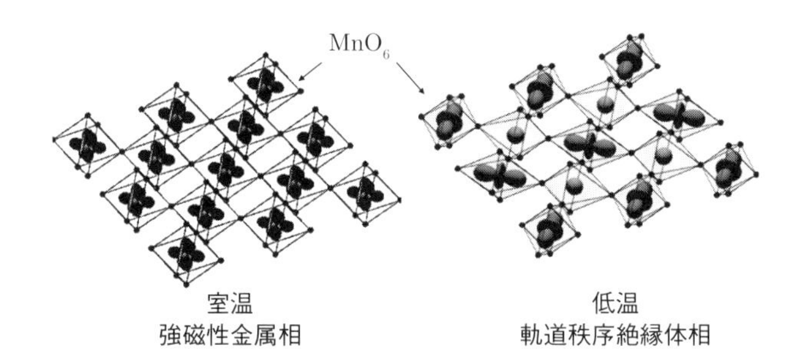

図 5.12　NSMO/STO(011) 試料の，低温絶縁体相と高温相における電子構造．低温相では，d 電子軌道が規則正しく秩序だった「軌道秩序」（この場合，d_{3x2-r2} 軌道と d_{3y2-r2} 軌道状態が交互に並んだジグザク配置になっており，結晶構造も異方性が生ずる）をとり（右側），絶縁体相となっている．高温相ではこの秩序が消滅し，d 電子軌道はみな等方的な状態（左側）となり，構造も等方的になるとともに，電子は動きやすくなるため強磁性金属相となる [97]．

電子軌道はみな等方的な状態（図 5.12 左側）となり，構造も等方的になるとともに，電子は動きやすくなるため強磁性金属相となる．競合する物理パラメータ（内在する電子間相互作用や電子–格子相互作用）のバランスのわずかな違いで，電荷，構造（軌道），スピン秩序の大きな違いによる多彩な物質相が出現する，という典型的な強相関物質の特性を発揮する物質系なのである．この意味で，光励起によって生ずる非平衡状態を利用した巨大光応答や，新しい物質相の探索を主題とする光誘起相転移研究にとってまさに格好のターゲットの1つである [96].

ペロブスカイト型マンガン酸化物の低温条件下で実現する絶縁体相は，磁場，圧力，光照射などの外場により相転移を起こすことが報告されてきた．特にパルスレーザーを用いた測定では，その光励起によって生じた金属相は，静的構造を基盤とする相変化との類推から，高温条件下で実現する強磁性金属相の構造と類似していると推測されてきた．光により一瞬にして絶縁体相から金属相へ転移する性質は，超高速光スイッチングなど超高速光デバイスへ有用であるため，本当に予測されているような結晶構造変化が起きているのか，その原子レベルでの解明が強く求められていた．これを可能としたのが本章前半で紹介した近年のレーザー，放射光同期技術である（図 5.2 参照）．100 ps 程度の極短時間存在している状態の結晶構造の決定はそのための観測技術の開発無しには不可能である．我々は前節（5.2 節）で解説した技法を用いて，反射型配置での動的 X 線回折像の観測を行った．用いた試料は $Nd_{0.5}Sr_{0.5}Mn0_3$ という組成を持っており，$SrTiO_3$(STO) 基盤の上にパルスレーザー積層法で成長させた 80 nm の厚さを持つ薄膜である．一般に X 線と赤外〜可視波長域の光の吸収断面積を比較すると，後者の方が圧倒的に大きい．このため，厚い単結晶を用いると，ポンプレーザー光で励起されるのは結晶表面 100–200 nm であるのに対し，X 線の回折は数十ミクロン以上まで結晶の厚み方向を平均化して観測してしまうこととなる．これが薄膜結晶を用いて実験を行った理由である [96,97].

実際に動的 X 線回折とはどのような測定データが得られ，どのような解析手順を踏むのであろうか．前節では省略したその詳細をここで述べておきたい．解析手順を具体的に示したのが図 5.13 である [97]．ポンプレーザーパルスとプローブ X 線パルスの間隔 (Δt) を一定値に保って，積算回数分の回折像データをそのまま X 線 CCD で蓄積する（図 5.13 左端上下）．この図の場合 X 線が 5 ns 前に来る場合 $\Delta t = -5$ ns（上側：像 I_1）と 150 ps 後に来る場合 $\Delta t = 150$ ps（下側：I_2）を例として示してある．次にレーザー励起による X 線回折強度パターンの相対的変化を知るために，両者の差（$I_2 - I_1$：差回折強度）をとったのが中央の像である．この像に破線で示した逆格子空間軸に沿った差強度変化の分布を示した図が右下側（差回折強度分布）である．この相対変化から，格子定数などの光誘起構造変化が読み取れることとなる．なお右上側は，参考のために同じ破線の強格子空間軸に沿った $\Delta t = 150$ ps における回折強度分布 (I_2) を示

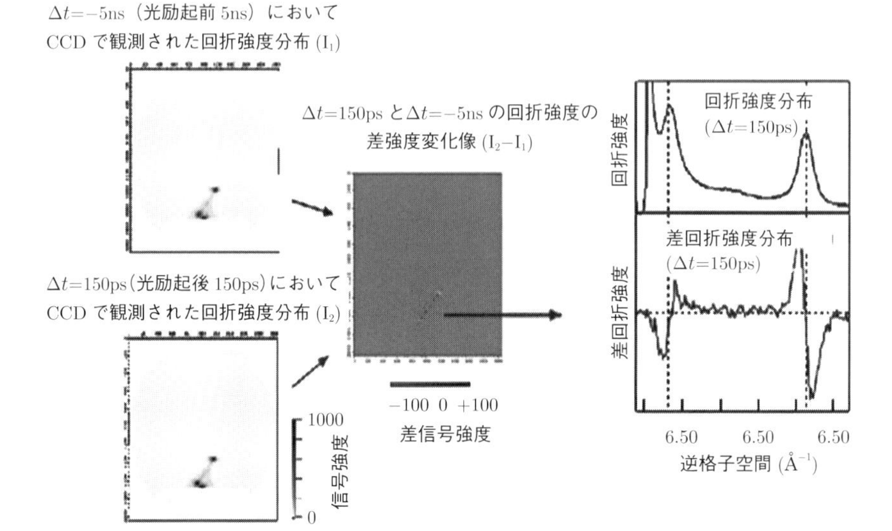

図 **5.13**　動的 X 線回折データの解析手順（詳細は本文参照）[97].

してある．

実際に Δt =150 ps で温度 100 K に維持したまま，様々な励起光強度に対して観測された差回折強度分布データ（右側），ならびに温度を 100〜180 K に上昇させて温度誘起の絶縁体–金属相転移を起こさせた場合の X 線回折相対変化（左側）を，図 5.14 に示す．この図から明らかなように，温度上昇では，金属相ドメインの出現に対応する X 線回折が 6.58 Å^{-1} 付近に明瞭に観測されるのに対し，光誘起の場合このような回折パターンは全く観測されない．この結果は，光誘起によって絶縁体相に光キャリヤが注入され温度誘起金属相ナノドメインと同様なものが生ずる単純な描像は誤りということを明瞭に示している．むしろ Δt =150 ps においては，ブッラグ点の幅の広がりもほぼ観測されず，均一相になっており，新たなる絶縁体相が，光誘起特有の状態として出現したと考えるのが妥当である．観測された格子状数の光誘起変化などから，現在のところ推測されている軌道構造の模式図を図 5.15 に示す．この図に示すように d 軌道構造が基底状態（d_{3x2-r2} 軌道と d_{3y2-r2} 軌道状態が交互に並んだジグザク配置）とも，高温金属相（d_{3z2-r2} も含めた等方的な軌道の混合状態）とも異なる（d 軌道成分の混ざり方の比率 d_{3z2-r2} 軌道/（d_{3x2-r2} ないし d_{3y2-r2} 軌道）が

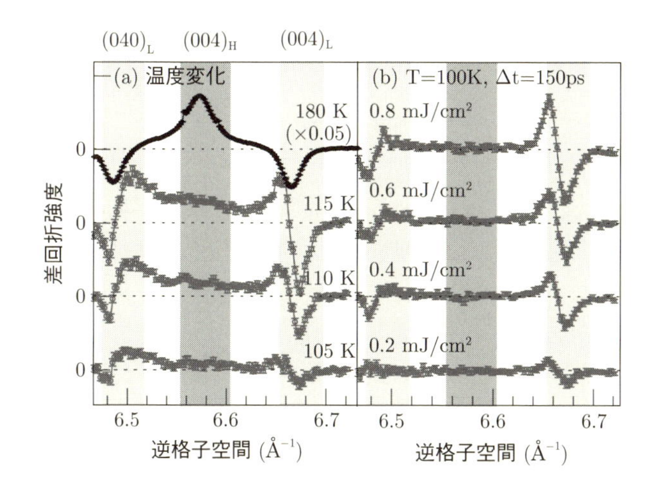

図 5.14　NSMO/STO(011) 試料での動的 X 線回折観測結果．Δt =150 ps で温度 100 K に維持したまま，様々な励起光強度に対して観測された差回折強度分布データ（右側），並びに温度を 100 K から 180 K に上昇させて温度誘起の絶縁体–金属相転移を起こさせた場合の X 線回折相対変化（左側）を示す [97].

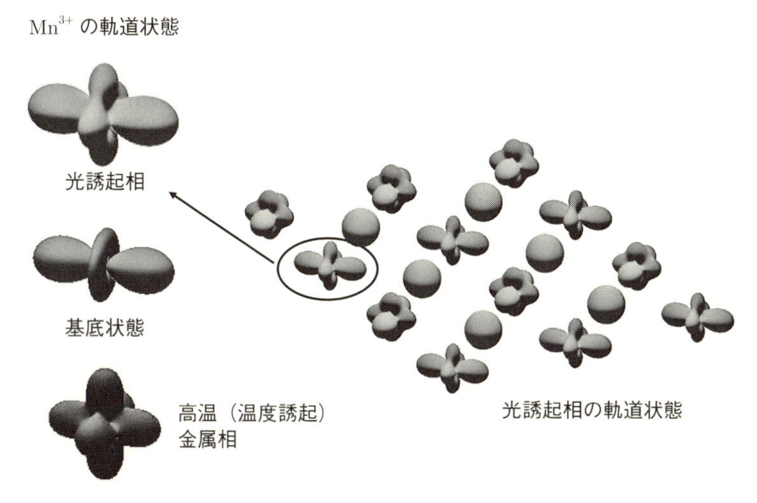

図 5.15　観測された格子状数の光誘起変化などから推測されている，d 電子軌道構造の光誘起変化の模式図 [97].

0.3–1%程度基底状態とは異なっている）ものとなっていると考えるのが妥当と推測される．このような状態は，熱平衡条件下における相図では現在までのところ確認されておらず，通常の熱力学パラメータ変化では実現されない，光誘起特有の状態，いわゆる「隠れた秩序状態」が光励起をきっかけにまさに出現したと言えよう（図1.4参照）[97]．この結果はまさに先端的量子ビーム技術を駆使した新構造観測手段としてのX線動的構造解析手法が，実際の物質評価に威力を発揮した典型例である．さらにこの種のMn酸化物結晶では，光波長の選択（超短パルスTHz波の利用）によって，特定のフォノンモードをフェムト秒域で集中的に励起し，それによって電子状態変化を伴う光誘起相転移が引き起こせる，いわば構造（フォノン自由度）の選択的励起が相転移を引き起こせる，という物質科学の長年の夢の1つも実現可能であることが報告された．これもまた最新の光源技術が物質科学に大きな飛躍をもたらすものとして，研究が急速に進展中である．

以上のように最新のレーザー・量子ビーム技術を駆使した先端分光技術，動的構造観測技術は，光誘起相転移に関して我々が思い込みをしてしまいがちな現象に，大きな落とし穴が潜んでいることを明示してくることを3つの具体例で紹介してきた．また同時に，これら最新の観測技術は，物質のエネルギー多重状態とその一部状態の選択的増殖過程を利用した「隠れた秩序相」など，新概念と出会えるチャンスももたらしてくれることも，議論してきたとおりである．今後も最新の観測技術は，物質科学そのものと2人3脚で，新たな物質観の構築に向けた歩みを加速してくれるものと期待している．この点を，レーザー誘起フェムト秒パルス電子線観測技術を実例として，次章でさらに詳しく述べたい．

第6章 物理と化学の2人3脚，そして物質開発と観測技術，理論解析の3人4脚への道のり

6.1 有機電荷移動錯体にける光誘起相転移の登場

有機の超伝導体の探索において，電荷移動錯体，とりわけ 2:1 の組成比を持つ A_2B 塩と表記される物質群は，極めて重要な地位を占めてきた．それはフラーレン以外では最も高い超伝導転移温度を示す有機物質群である κ-(BEDT-TTF)$_2$Cu(NCS)$_2$ や β'-(BEDT-TTF)$_2$ICl$_2$ などが見つかっているためである [98–101]．このような，A_2B 塩は，一般的には 1 構成分子あたり 0.5 個の電子（または正孔）が入った 1/4 フィルド (quarter filled) 系（伝導バンドが 1/4 だけキャリヤで満たされている系）としてモデル化され，理論的研究にとっても重要なターゲットとなっている．加えてこの種の物質は，物質パラメータのわずかな違いで多種多様な物性，基底状態を見せることでも，近年知られるようになってきた．例えば超伝導体に多少の化学修飾を加えると，類縁の結晶構造を持ちながら電荷秩序化 (Charge Ordering: CO) またはモット絶縁体化による絶縁体–金属転移を示す物質に変化する．場合によってはわずかな化学修飾でこの電荷秩序が関連した強誘電性や，フラストレート (frustrated) した磁性を示す物質に変化することすら報告されている [102, 103]．さらにこれらの性質を圧力，磁場，電場で制御することが可能であるとする報告もなされている [102–104]．この種の物質群で，わずかな物質パラメータの違いによっても多彩な物性，基底状態が観測されている原因は，構成分子間の π 電子軌道の重なり，すなわちバンド幅と，物質内の協力的相互作用である電子相関，電子–格子相互作用などとの間の微妙なエネルギーバランスにあることが，理論的解析から明らかとなりつつある [105–110]．

このように多様な物質内協力的相互作用が複合的，協奏的に働いている物質に光励起を行った場合，どのような現象の発現が期待できるであろうか？多少第

1章の繰り返しとはなるが，今一度復習を兼ねて述べさせていただく．相転移を示す物質を，温度や圧力，電場などの外場によって，相の間の自由エネルギーがほぼ縮退するような条件下におくと，微弱な外場刺激がきっかけとなって，エネルギー的に縮退した相の間を転移する，ドミノ効果にも例えられる現象が発現する（図1.4, 2.7）．特に微弱な光刺激をきっかけとする巨視的相転移発現の場合には，光誘起相転移 (Photo-Induced Phase Transition: PIPT) ないし光ドミノ効果と名付けられ，光誘起磁性，光誘起強誘電秩序，光誘起構造相転移など，興味深い多数の具体例が近年続々と発見されている（光誘起相転移の前駆現象も含むより一般的な用語として，光誘起協同現象が用いられる場合もある）[8]．これらの物質での光応答の具体的観測例は，現象それ自体の新規性に加えて，協同現象の動的観測という特徴を持っている．このため，非平衡物質科学，物理学，化学の多方面にまたがる新しい分野として位置づけられ，実験と理論，そして物理と化学という二重の視点で集中的な2人3脚の研究が開始されている．また光誘起相転移は，高感度，超高速な光，電気スイッチ材料開発という視点からも興味が持たれている．現在，室温で高感度かつ高速に，線形・非線形光学特性，さらには磁性・伝導性が変化する物質の探索が多方面の分野の共同作業として推進されている．具体的には，バンドの半分が占有された（1/2フィルド）1次元電子系のTCNQ塩 (TCNQ = tetracyanoquinodimethane) [111–114]，2次元電子系のBEDT-TTF塩 (BEDT-TTF = bis(ethylenedithio)tetrathiafulvalene) [115–117]，強いダイマーを形作る $[Pd(dmit)_2]$ 塩 (dmit = 1, 3-dithiole-2-thione-4, 5-dithiolate) [118,119] などがあげられる．

この光誘起相転移に適した材料探索という視点に立つと，多彩な物質相間の多重安定性を持った A_2B 塩においては，当然，高感度な，光誘起絶縁体–金属転移などの発現が期待できることとなる．加えて化学修飾を利用して，電子間の相関エネルギーに加えて A_2B 塩の構成分子変形と分子価数間の結合などの強い電子–格子相互作用が期待できる物質を構成分子とすると，絶縁体–金属転移の発現温度が，本章で取り扱う物質 $(EDO\text{-}TTF)_2PF_6$(EDO-TTF = ethylenedioxytetrathiafulvalene)（詳細は後述）[120–122] のように室温ないしそれ以上に上昇することも近年明らかとなってきた（図6.1）．転移温度周辺では，自由エネルギー縮退に伴う巨大な応答が，光誘起相転移のような非平衡現象では期待されるので，A_2B 塩は室温で働く光誘起相転移候補物質として，応用的視点からも重要な地位を占めることとなる．また本章でも示すように，A_2B 塩の分子

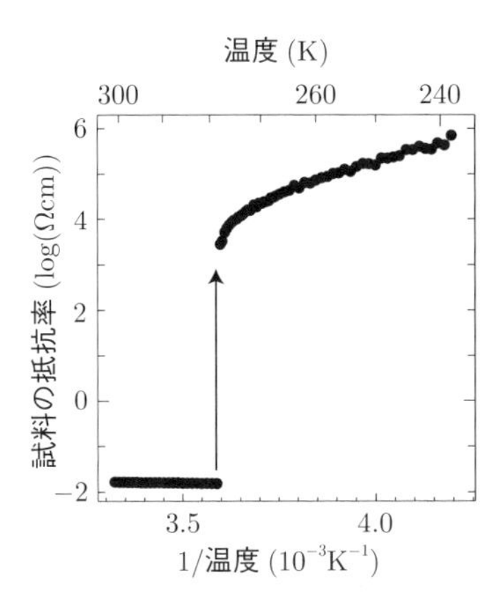

図 **6.1** 本書で取り扱う物質 $(EDO\text{-}TTF)_2PF_6$ 結晶における抵抗率の温度変化. 金属–絶縁体相転移温度が室温 (280 K) にあることがおわかりいただけよう [120].

内励起バンドや電荷移動励起バンドは, そのエネルギー位置が可視部から近赤外部にあることが多く, 通信領域として重要なこれらの波長域で相転移に伴う大きな光学定数変化が期待できることともなる. このように応用面でも, A_2B 塩における光誘起相転移の可能性の検討は重要性を持っていることがおわかりいただけよう. 理論面でも, 光誘起相転移発現機構の解明に向けていくつかの試みが開始されているが, その対象は現在のところ 1/2 フィルド系が中心である. 1/4 フィルド系のような多彩な電子状態, 基底状態発現が期待されている物質に関しては, 未だ今後の重要な対象として研究の開始が待望されている状況である.

以上のような背景から我々は, A_2B 塩 $(EDO\text{-}TTF)_2PF_6$ における光誘起効果の研究に着手した. 本書では, $(EDO\text{-}TTF)_2PF_6$ 結晶において, 相対変化率で 50%を超える巨大光誘起光学特性変化が, 数 10～100 構成分子あたり 1 励起光子の弱励起条件において 1.5 ps 以内に, しかも低温から室温付近までの幅広い温度域で発生することを紹介する. スペクトル変化, 伝導度変化から, この現象は 1/4 フィルド系の特性である種々の協同性を利用した, 絶縁相から他の絶縁体相を経由しての金属的物質相への光誘起相転移と位置づけられている. 加えて反射率変化を示す波長域が近赤外域であることを考慮すると, もちろん試料の耐性, 加工特性などの問題はあるものの,「超伝導素材」として集中的研究が行われてきた 1/4 フィルド系が, 意外にも超光速光スイッチ素子などの新しい光電デバイス材料としても重要であることを示している．このような研究は，まさに新物質合成化学と光物性，光科学，そして理論の協力という2人3脚ならぬ3人4脚なくしては遂行は不可能であることを申し添える．

6.2　$(EDO\text{-}TTF)_2PF_6$ 結晶の特性と超高速光応答の発見

$(EDO\text{-}TTF)_2PF_6$ 結晶は，電解酸化法で成長させており典型的大きさは $0.5 \times 0.5 \times 1\,mm$ である．組成はドナー2分子にアクセプター1分子の典型的 A_2B 塩であり，電荷移動量から見込まれるバンド充填率は，ホールで見ると1/4フィルド系（電子で見れば3/4フィルド系）となっている．この結晶は，$280\,K(=T_c)$ において絶縁体（低温相）–金属転移（高温相）を起こすことは前節で述べたとおりである．加えて，高温相（金属相）で常磁性的な振る舞いを示すスピンが低温の絶縁相では消失することも明らかとなっている．この転移が構成分子の4量体化を伴う構造転移であること，さらには電荷秩序を伴ったものであることも，ラマン散乱 [121] や粉末X線回折 [123] を用いた電子密度分布 (electron density distribution) 解析などの各種測定から明らかとなってきている [121–124]．図6.2に高温相と低温相における結晶構造を示す [125]．低温相ではホールが局在化し，電荷が +1価の構成分子と中性のそれが規則的に(+1,0,0,+1)の形で配列する（(1001) と略記される）とともに構成分子の4量体化が起きた電荷整列（電荷秩序化）状態となっていること，また局在的電荷状態に対応して，構成分子が，+1価で平面的な状態（Fで表示）と，中性で折れ曲がった（Bで表示）状態をとっていることがおわかりいただけよう．一方高温相においては電荷整列が消失し，伝導度が5桁ほど上昇する．構造も弱い2量体化歪みが観測されるのみとなり，構成分子の歪みもほとんど消失する（平均的価数は +0.5であるため，(0.5 0.5 0.5 0.5) と略記される場合もある）．まさに構成分子の電荷移動量と分子変形が強く結合した，強電子–格子相互作用を伴った系であることがおわかりいただけると思う．このように，$(EDO\text{-}TTF)_2PF_6$ 結晶は，伝導，構造，磁気という複合的な性格を持ち合わせた金属–絶縁体相転移が，長距離のクーロン相互作用，電子–格子相互作用，スピン–格子相互作用の強さの微妙な調和から生じている典型的な物質と位置づけることができよう．なお，$(EDO\text{-}TTF)_2PF_6$ ならびにその周辺物質の特長に関しては，矢持らによる詳細

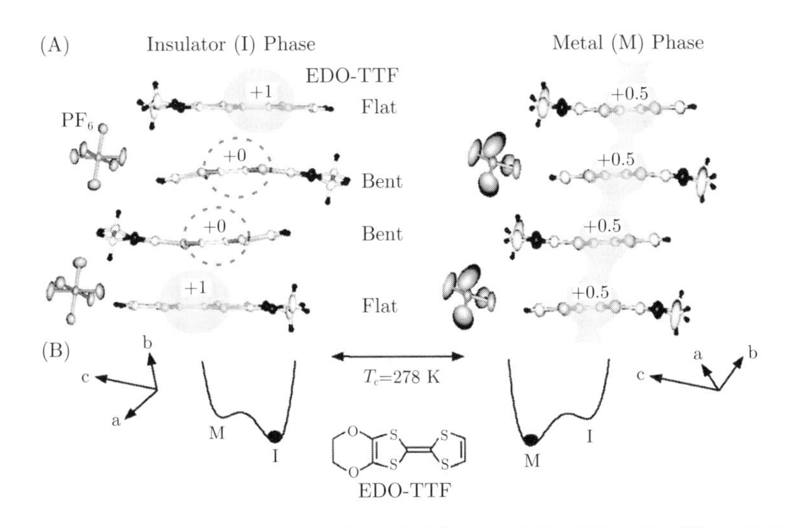

図 **6.2** $(EDO\text{-}TTF)_2PF_6$ 結晶の高温相と低温相における結晶構造と電子構造の模式図．低温相ではホールが局在化し，電荷が +1 価の構成分子と中性のそれが規則的に (+1,00,+1) の形で配列する（(1001) と略記される）とともに構成分子の 4 量体化が起きた電荷整列（電荷秩序化）状態となっていること，また局在的電荷状態に対応して，構成分子が，+1 価で平面的な状態（F で表示）と，中性で折れ曲がった（B で表示）状態をとっている．一方高温相においては電荷整列が消失し，伝導度が 5 桁ほど上昇する．構造も弱い 2 量体化歪みが観測されるのみとなり，構成分子の歪みもほとんど消失する（平均的価数は +0.5 であるため，(0.5 0.5 0.5 0.5) と略記される場合もある）[125].

な論文と解説が出版されているのでそちらを参照いただきたい [124, 126, 127].

$(EDO\text{-}TTF)_2PF_6$ の 1 次元性金属から絶縁体への相転移の様子は，定常状態の反射率スペクトルの温度変化にも，Drozdova らの報告にもあるように，如実に表れている [121, 122]．図 6.3 はこの物質における，反射率スペクトル (a) およびそのクラマース–クロニッヒ変換により得られた光学的伝導度スペクトル (b) である [30]．290 K の高温金属相では，0.8 eV 以下でドルーデ (Drude) 的な反射率の増大が見られる．一方，180 K の低温絶縁体相では，低エネルギーで光学的伝導度が大きく下がっている反面，局在化した電子間の遷移（電荷移動遷移）に対応するピークが 0.6 eV と 1.4 eV の近赤外領域に見られ，それぞれ CT1，CT2 と名付けられている．さらに 10 K まで冷やすと，0.8 eV にもう 1 つの電荷移動バンドが現れ，CT3 と名付けられている．これらのピークの帰属は，電荷の並びが (0,1,1,0) であることを考慮にいれた簡単なモデル計算により，

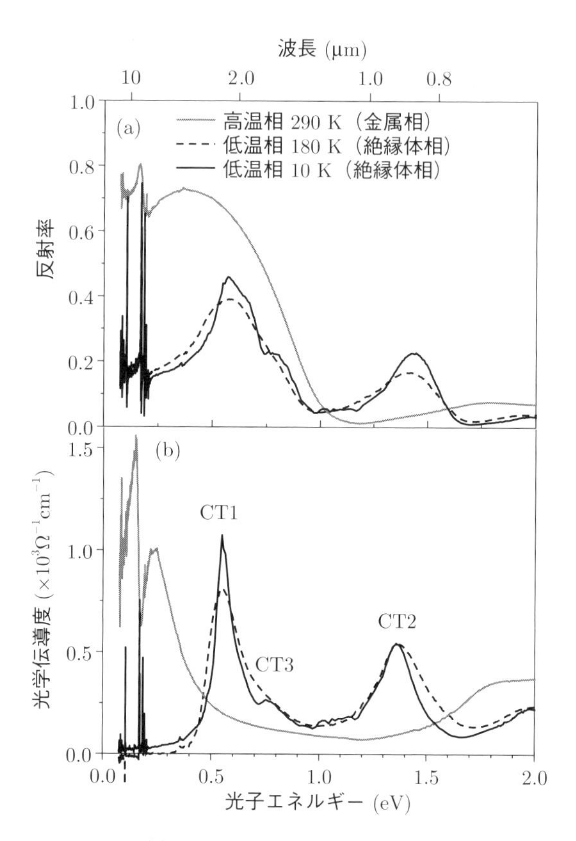

図 6.3　$(EDO\text{-}TTF)_2PF_6$ 結晶における，反射率スペクトル (a) およびそのクラマース–クロニッヒ変換により得られた光学的伝導度スペクトル (b) の温度依存性 [30].

CT1 が 1 価と 0 価間の電子移動，CT2 が 1 価同士の電子移動，さらに CT3 はそれらが混ざった遷移と帰属されている [30].

この結晶を 1.55 eV の fs パルスレーザーで光励起すると，劇的かつ超高速な光学特性変化が観測された．図 6.4 は，1.38 eV ならびに 1.72 eV における相対反射率 ($\Delta R/R$) 変化の時間プロファイルを，180 K と 260 K において観測した結果である [125]．いずれの場合にも，ほぼ同じ励起密度を用いて，励起後わずか 0.25 ps 以内で相転移の基本過程が終了していることがわかる．このように $(EDO\text{-}TTF)_2PF_6$ 結晶における高感度の光誘起電荷秩序絶縁体–金属相転移は，室温近辺でも超高速で発生することが明らかとなった．これは $(EDO\text{-}TTF)_2PF_6$

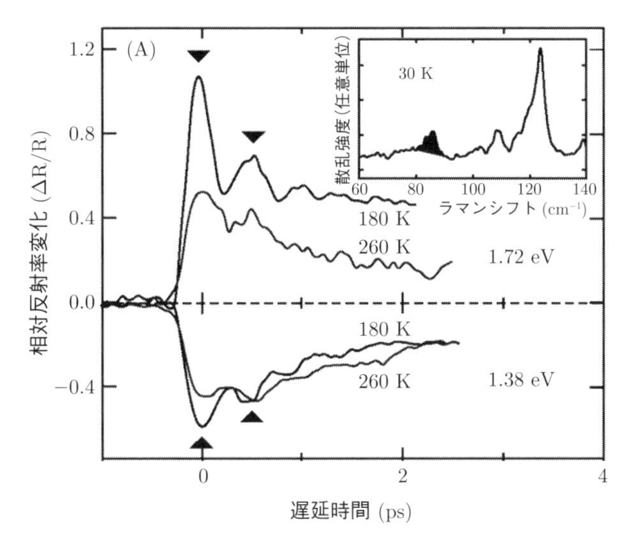

図 **6.4** 1.38 eV ならびに 1.72 eV における 1.55 eV の fs パルスレーザーによって誘起される反射率 (ΔR/R) 変化の時間プロファイル．測定温度は 180 K と 260 K の 2 種が示してある [125]．なお挿入図のラマンスペクトルは温度 30 K で測定されたものである．

結晶が，従来の物質では達成困難であった，高感度（励起強度 100–数 100 μJ cm^{-2} 程度）かつ 1 THz を上回る超高速光電応答材料としての特性を持っていること，さらにこれらの特性が室温で発揮できることを明確に示している．また光励起で反射率が 1.38 eV では減少し 1.72 eV では増加しており，これは光励起で，基底状態（(1001) 電荷秩序相）から金属相（高温相）に変化することとよく対応する変化であることから，電荷秩序相→金属相の光誘起相転移が発現していると，本データからは考えられた．ただこの当初の結論は，のちに超高速パルスレーザー技術の進歩によって，広範囲なエネルギー域の光学スペクトル変化が確認されると，解釈が大きく変更されることとなった．この点を次節（6.3 節）では解説する．

加えて図 6.4 に示された光誘起反射スペクトルの時間変化は注目すべき特徴を持っている．特に励起直後から 1.2 ps 後まで，0.4 ps を周期とする振動構造が観測されるとともに，この振動構造の周期は，2.3 eV から 1.38 eV の波長領域では観測波長に依存しないことも確認された．したがって，観測された振動構造は，過去に電荷移動錯体で観測されたような，光誘起相転移 (PIPT) の進行に伴って結晶表面から相境界が結晶の中に進行することによって生ずる，検索光の干渉効果に起因するものではないと結論できる．言い換えれば，光励起によって生ずる物質の屈折率変化，つまり電子状態変調に起因する振動構造であると考えるのが妥当である．また，この振動構造周期は 260 K ではソフト化し，鋭さは失われているものの，やはり確認されている．この物質の電荷整列絶縁体相（低温相）においては，40〜100 cm^{-1} の領域に，金属相（高温相）と共通して観測される3つの振動モードが存在する．図 6.4 挿入図には 30 K で観測されたラマンスペクトルを示す．赤色で示されたモードは，(1) そのラマン周波数が反射率変化の時間的振動周期と近い，(2) ラマン周波数の温度依存性と時間的振動周期のそれが類似している，という2つの特徴を持っている．このことから，光誘起反射率変化において観測された時間的振動構造は，赤色で示したラマンモードがその起源となった，巨大コヒーレントフォノン効果と考えられ，電子励起によって誘起された相転移に伴う構造変化を反映しているものと推定される [125]．まさに期待どおりの強い電子–格子相互作用を伴う物質系としての特徴を反映した光応答となっていることを示す結果である．

6.3　(EDO-TTF)$_2$PF$_6$ 結晶の光誘起相の光学的特色

光によって新たに生じたこの「光誘起相」は，本当に高温相と同じものであろうか？前節（6.2 節）で述べたように，可視から近赤外の狭い波長領域での光誘起光学特性変化からは，高温金属相と類似のものが生じたと考えられてきた．ただこの帰属が正しいかは，より広範な波長域での光学特性変化を観測して確認する必要がある．そこで，まず遠赤外から近紫外までの広範な波長域で光励起相の反射率スペクトル測定し，次にこのデータをクラマース–クロニッヒ変換して光学伝導度 (σ) スペクトル（固体の場合は吸収スペクトルの代わりに光学伝導度が便宜上用いられる）を求めることとした．図 6.5 に，電荷移動遷移 CT2 に対応する 800 nm で励起し，異なる波長の光でプローブした光励起 100 fs 後の反射率スペクトルをもとに，得られた光学伝導度スペクトル（黒色太線）を示す [30]．参考データとして熱平衡状態における低温絶縁体相（黒色細線），高温金属相（灰色細線）のスペクトルも示した．この図が明確に示すように，0.2 eV 以下の低エネルギーにおいて，光誘起相の光学的伝導度が金属相

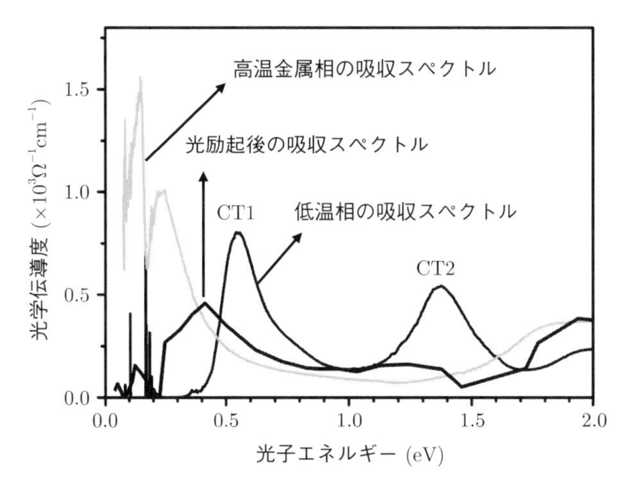

図 6.5 電荷移動遷移 CT2 に対応する 1.55 eV (800 nm) で励起し（詳細は本文参照），異なる様々な波長の光でプローブした光励起 100 fs 後の反射率スペクトルをもとに，クラマース–クロニッヒ変換によって得られた光学伝導度スペクトル（σ：黒色太線）．参考データとして熱平衡状態における低温絶縁体相（黒色細線），高温金属相（灰色細線）のそれも示した [30].

とは異なって小さな値となっている．これは，この光励起後 100 fs で生じた新たな光誘起相が，高温金属相とは大きく異なって，絶縁体的であることを示している．加えてこの光誘起相では，0.4 eV 付近にピークが 1 つ認められる（図 6.5 黒色太線）．このエネルギー付近の吸収は，通常，電荷移動遷移に伴うものであるが，前節で説明した低温相のものとはこれまた大きく異なっている．

この状態の起源を知るために，米満らによる理論計算が行われた．基本となったモデルは，各分子の HOMO から構成される強束縛モデルである．そのハミルトニアンとして，この物質の強い電子–格子相互作用を反映させるため，拡張ハバードモデルに電子–格子相互作用を導入したパイエルス–ホルスタイン拡張ハバードモデルにさらにいくつかの項を追加したものが用いられた [125, 128]．そして光励起として短時間だけ続く振動電場を導入した後の，電荷分布など各種物理量の時間発展を，時間依存するシュレディンガー方程式を解くことにより求めたものである．詳細は文献 [128] を参考いただくとし，ここでは米満・前島による理論計算から求められたスペクトルの時間変化と，電荷分布などから推定される物理モデルの結果のみを述べることとする．図 6.6 はスペクトル時間変化の様子である [30]．$t=0$（光励起直前：黒線）において 3 つあるバンド

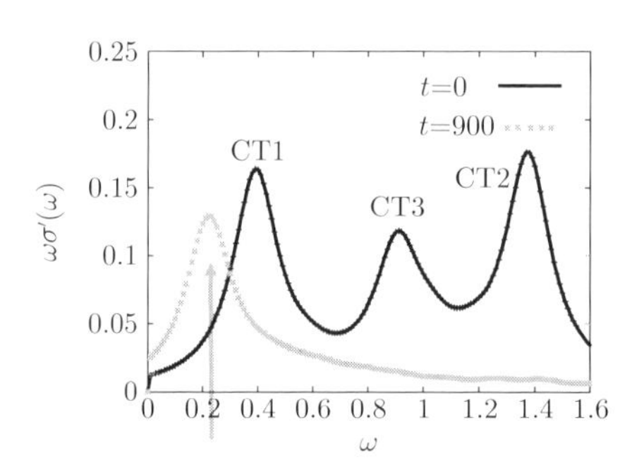

図 6.6　理論計算から求められたスペクトルの時間変化．$t=0$（光励起直前：黒線）において3つあるバンドが，$t=900$（灰色×印）では低エネルギー側に1つだけに変化しているのがわかる（灰色矢印参照）．この際に，各構成分子上の電荷分布が (1001) から (1010) に変化している [30]．なおこの理論計算結果を，本実験に対応した実際の時間に換算する場合には，$t=1520$ が 1 ps に対応する．

が，$t=900$（灰色×印）（実時間では約 0.6 ps に相当，詳細は図 6.6 の説明参照）では低エネルギー側に1つだけに変化しているのがわかる（図 6.6 内の灰色矢印参照）．この際に，各構成分子上の電荷分布が (1001) から (1010) に変化している．この3つの電荷移動バンドが1つに変化するスペクトル変化は図 6.5 の実験結果をよく再現していることから，生成した光誘起相は電荷秩序が (1010) のように変わったものであると結論された．もちろん，その秩序は短距離であると思われ，電荷分布，構造ともに揺らいだ状態であると考えている．このように光励起後 100 fs 前後に生じた光誘起相は，熱平衡状態では現れない光誘起特有の状態（隠れた物質秩序の発現した過渡的物質相：隠れた物質相とも呼ばれる）であることがわかった．

さらに今日までに，分子振動の時間変化も含めた ns（ナノ秒）域までの詳細な時間分解赤外分光 [129] や，10 fs の超短パルスレーザーを用いた分光実験が積み重ねられて来ている [130]．その結果，図 6.7 にまとめて示すような光誘起相生成前後のダイナミクスが明らかとなってきた [13, 131]．すなわち，電荷が局在化して整列した低温相（(1001) 状態）に光を当てると，電荷移動が局所的に（図 6.7 の (0200) 状態）生ずる（フランクコンドン的状態）．その後結晶に広くその影響が広がり，40 fs 程度で別の電荷秩序（(0101) 状態）を持つ光誘起相が生成される．もちろんこの秩序も短距離のものと予測され，その状態の電荷や構造は揺らいでおり，そのため伝導方向とは垂直な方向にブロードな反射

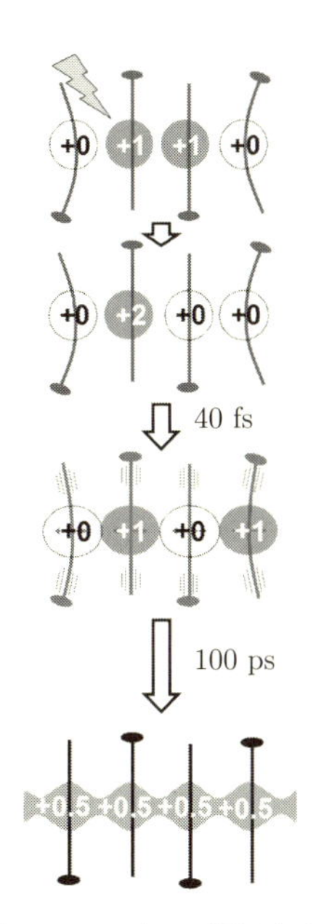

図 6.7　分子振動の時間変化も含めた ns（ナノ秒）域までの詳細な時間分解赤外分光や，10 fs の超短パルスレーザーを用いた分光実験を総合的に検討して得られた，光誘起相生成前後のダイナミクス [13].

率の増大が観測される．その後，100 ps ほどかけて，完全に電荷が均一化した状態，言い換えれば電荷秩序が溶けた高温金属相と同じ状態が出現し，この時点では光学特性は高温相と同じものに変化する．その後 μs 領域の時間をかけながら元の基底状態に緩和してゆく．以上簡単にではあるが紹介した観測結果は，まさに固体物理学と合成化学の協力によって構築された電子–格子強結合系物質科学の成果を基盤に，レーザーや量子ビーム技術の進展が重なって達成されたものであり，先端分光法が物質科学の概念的な根本部分で多大な貢献をなす事ができる典型例と言えよう．

6.4　$(EDO\text{-}TTF)_2PF_6$ 結晶の光誘起相変化過程に伴う結晶構造変化

ここまでは光励起で生じた変化を，光を検索手段に用いて，励起直後のフランクコンドン的状態から，電荷秩序が溶けて高温金属相的状態が現れるまでの様子をみてきた．しかしこの方法では構成原子の実空間での配列の仕方，すなわち物性研究にとって最も基本的情報の1つである結晶「構造」は未解明である．定常状態で結晶構造を直接知る方法としては，X線などを用いた回折法が広く使われている．回折パターンの観測を時間分解で行えば結晶構造が時々刻々と変化する様子，すなわち分子動画が撮れるはずである．このような試みの1つとして，時間幅の非常に短い電子パルス（バンチ）を用いた時間分解電子線回折測定がある．このような電子バンチは，金などの金属箔に光電子放出エネルギー（仕事関数）をわずかに超える光子エネルギーを持つ超短パルス光を照射することにより発生できる．すなわち100 fsの光パルスを用いれば，100 fsの電子バンチが生成する．しかし電子バンチは，発生直後から電子同士のクーロン反発により空間的にも時間的にも広がるため，実際の測定には様々な工夫が必要とされ，その開発が急がれてきた[74–82]．ここでは，そのような最先端の分子動画観測装置が，有機結晶$(EDO\text{-}TTF)_2PF_6$における光誘起相変化に伴う構造変化解明に果たした決定的な役割を紹介する．

図6.8は，我々の試料の測定で用いた時間分解電子線回折装置の概略図であ

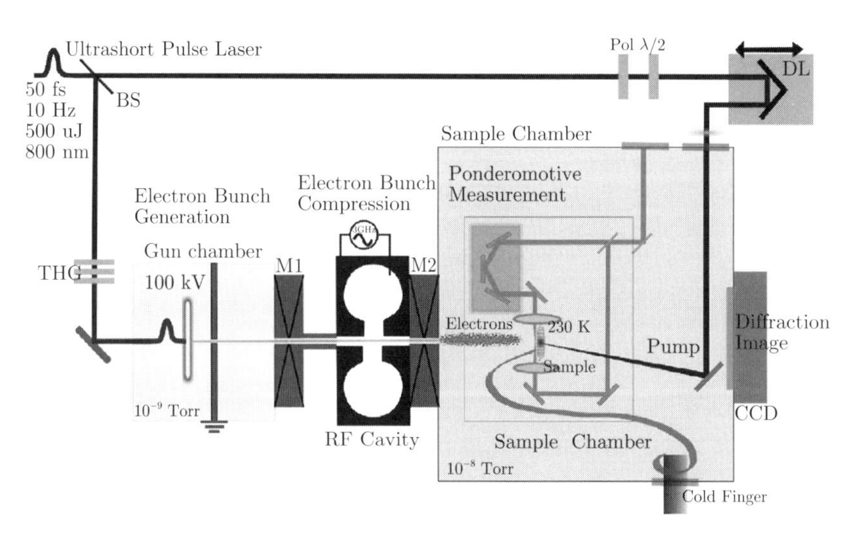

図6.8　fs時間分解電子線回折装置の概略図[13,132]．BSはビームスプリッター，THGは非線形光学結晶，$\lambda/2$は1/2波長板，Polは偏光子，M1, M2は磁気レンズをそれぞれ表している．

る [13,132]．チタンサファイア再生増幅器の出力 (50 fs, 800 nm, 500 μJ/pulse, 1 kHz) を切り出して 10 Hz にまで繰り返しを落とした上で 2 つに分け，一方を試料の励起に用い，他方を非線形光学結晶を用いて 266 nm に波長変換し，この紫外光パルスを厚さ 20 nm の金の薄膜に照射することにより電子バンチを発生させる．この電子バンチは，RF キャビティを通す際に，電子バンチ到達と同期させた高周波電場により，先へ進んだ電子を押し戻し遅れた電子を押し出すことにより，時間幅が圧縮される．試料は電子線が透過できるように 80〜100 nm の厚みにスライスしたものを銅のメッシュの上に貼り付けて観測に用いた．これは電子線照射による帯電を防ぐためである．試料を透過して散乱してきた電子の回折パターンは CCD カメラで観測される．このシステムの時間分解能は 400 fs と見積もられている．

図 6.9 はこの装置を用いて測定した定常状態の回折像である [132]．左側が低温絶縁体相，右側が高温金属相である．これらの回折パターンはその強度も含め，すでに X 線構造解析によりわかっている構造からの回折強度シミュレー

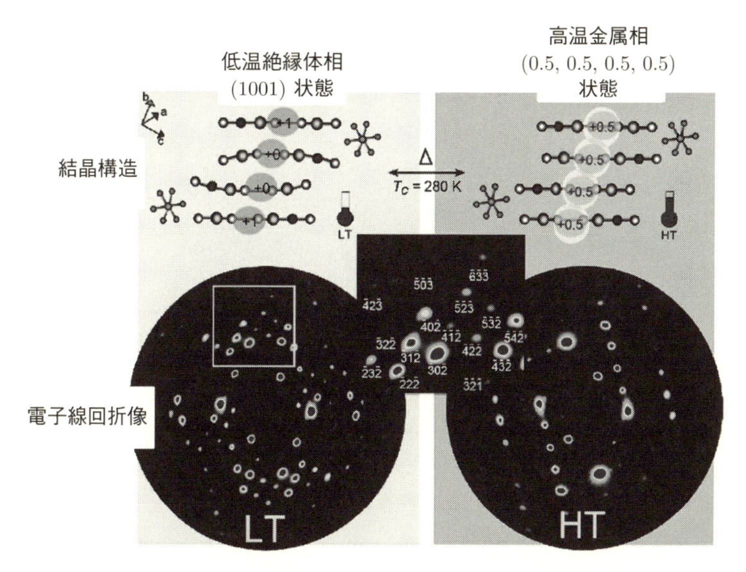

図 6.9 図 6.8 の装置を用いて測定した $(EDO\text{-}TTF)_2PF_6$ 結晶の定常状態の回折像．左側が低温絶縁体相，右側が高温金属相のものである．これらの回折パターンはその強度も含め，X 線構造解析によりわかっている構造からの回折強度シミュレーションと非常に良く一致している [132]．

ションと非常に良い一致を示している．次に図 6.10 は，低温相の結晶に光を当てた後の回折像の時間変化を，光照射前の回折像との差分で表したものである．これらをみると光励起とともに大きな変化をしていることがわかる．さらに図 6.10(c) は，いくつかの回折点における強度の時間変化を示したものである．全ての点は励起直後に大きく強度が変化した後，1 ps 程度で途中まで変化が緩和する．さらにゆっくりと 100 ps 近くかかって再び強度が増大している．この変化は，赤外波長域の fs パルスレーザーを検索光に用いた，時間分解振動分光で明らかとなった光誘起による金属相の生成時間とよく一致しており（図 6.7）[129]，この回折点強度変化が，振動分光で得られたものと同じ光誘起金属相生成ダイナミクスを反映していることを示している．

しかしながら電子線回折で得られた回折点が少ないため，それだけで各時間における結晶構造を完全に決めることは不可能である．そこで，光誘起による構造変化が低温相から高温相へ向かうと仮定し，低温相結晶中の +1 価の EDO-TTF

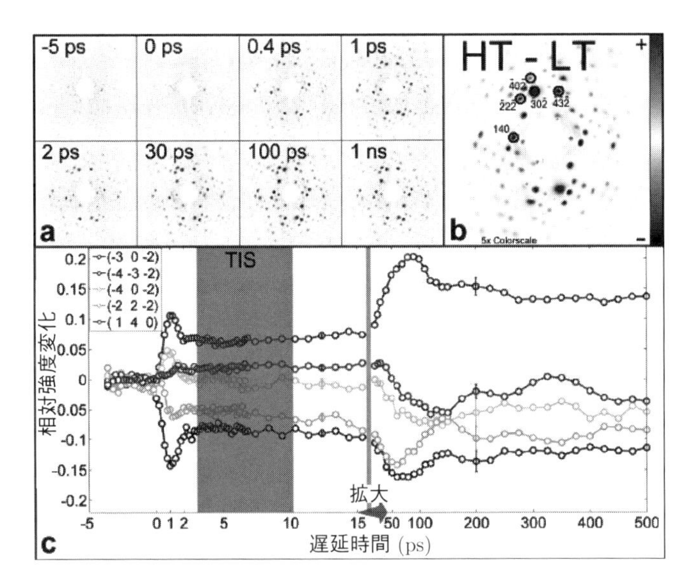

図 **6.10**　(a)$(EDO\text{-}TTF)_2PF_6$ 結晶の低温相に fs パルスレーザーによる光励起を行った後の回折像の時間変化を，光照射前の回折像との差分で表したもの．(b) 温度誘起で低温相から高温相に変化した場合に期待される回折像変化．(c) いくつかの代表的ブラッグ回折点における強度の時間変化 [132]．なお HT は高温相，LT は低温相を表しており，このため (b) は HT-LT と表記されている．

の変位を ξ_F，0 価の EDO-TTF の変位を ξ_B，PF_6 の変位を ξ_P とおいて，この 3 種の変位座標（変位パラメータ）に沿った変化として回折データの解析を試みたところ，よく実験データを再現できることがわかった．この解析の結果得られた結晶構造変化が図 6.11 である [132]．図 6.11(a) は中央の低温相の構造からの各原子の変位を灰色線で表したもので，右側が高温相への変化，左側が光

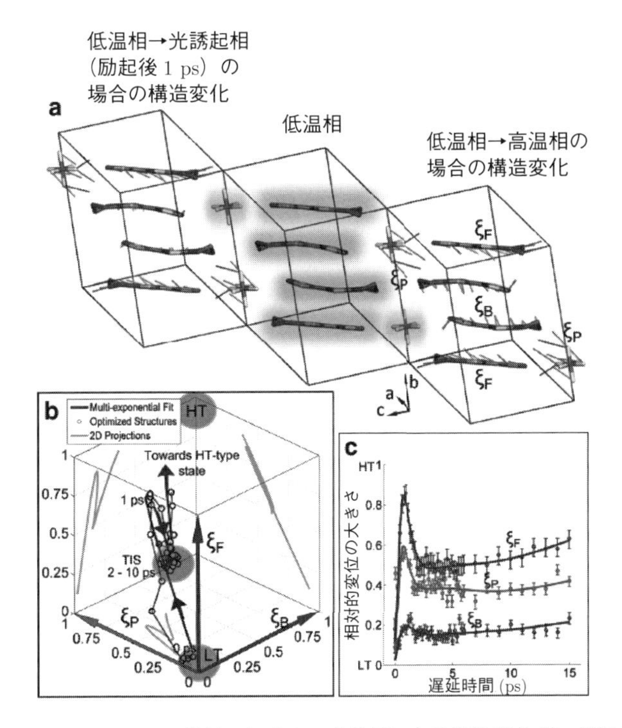

図 6.11　$(EDO\text{-}TTF)_2PF_6$ 結晶における，光誘起による構造変化が，低温相から高温相へ向かうと仮定し，低温相結晶中の +1 価の EDO-TTF の変位を ξ_F，0 価の EDO-TTF の変位を ξ_B，PF_6 の変位を ξ_P とおいて，この 3 種の変位座標（変位パラメータ）に沿った変化として回折データの解析を行った結果．(a) は中央の低温相の構造からの各原子の変位を灰色線で表したもので，右側が高温相への変化，左側が光励起後 1 ps での変化に対応している．(b) は構造変化を代表させた 3 つの変位座標に沿って，どのような時間変化が起きているのかを立体的に示したものである．なお低温相と同じ構造の場合が変位量 0（ゼロ），高温相と同じ構造の場合が変位量 1 として示してある．さらに (c) は，時間とともに 3 種の変位座標に沿って，各々どのような大きさの変化が起きているのかを，1 つの図面上に示したものである [132]．図 6.10 同様に，HT は高温相，LT は低温相を表している．

励起後 1 ps 後の変化を表している．図 6.11(b) は構造変化を代表させた 3 つの変位座標に沿って，どのような時間変化が起きているのかを立体的に示したものである．なお低温相と同じ構造の場合が変位量 0（ゼロ），高温相と同じ構造の場合が変位量 1 として示してある．さらに図 6.11(c) は，時間とともに 3 種の変位座標に沿って，各々どのような大きさの変化が起きているのかを，1 つの図面上に示したものである．これらの結果をみると，光誘起後 1 ps での大きな変位は，おもに 1 価の EDO-TTF と PF_6 に起こっており，0 価の EDO-TTF はほとんど変位していないことがわかる．さらにその構造が一旦，より低温相的なものに戻った後に，100 ps かけて全ての分子が高温相的な構造へと変化していることも明らかとなった．

この構造変化をまとめると，まず，光誘起相に対応する時間 (∼1 ps) で見られる構造変化は，+1 価の平らな EDO-TTF 分子と PF_6 が大きく高温相の方向に移動するが，0 価の曲がった分子は動いていない．むしろ 100 ps かかる遅い構造変化の際に，曲がった分子の平坦化が起きており，これは，分子のこの折れ曲がりの変化が，電荷移動と結合しながら超高速で変化して，光誘起金属相を生成するとした当初の期待は誤っていることを示している．むしろ +1 価の平らな EDO-TTF 分子と PF_6 の動きこそが，超高速での電荷秩序パターンの変化（基底状態 (1001) から励起相での (1010) へ）のカギを握っていることを示している [131,132]．このように，物質科学と観測科学，光科学，さらには物理と化学の 2 人 3 脚があってこそ，超高速分光だけでは推測不可能であった，隠れた物質秩序の発現に伴う，構造変化を明らかにすることができたのである．

第7章　おわりに

本書の冒頭で述べたように，我々を支えてきた「平衡状態下での均一な構造を基盤とした」物質科学に，今まさに1つの転機が訪れようとしている．現在の物質・材料設計の基本的限界を乗り越えるべく，「変化」し「揺らいでいる」物質の構造とそれに伴うエネルギー状態の変化が本質的な役割を担う場である「非平衡状態」における物質の特性や，その発現機構解明を行おうとする，「非平衡物質科学」とも呼べる新規な物質科学領域に向けた試みの1つを本書では紹介してきた．特にこの非平衡状態を出現させるきっかけとして物質に対する光励起を利用し，それによる物性変化の機構をナノスケール・オングストロームスケールの検索法で理解し，さらには制御しようとする，理論，実験など多くの分野が一体となった試みの1つとして，「光誘起構造相転移」を本書の主題として設定した．そして観測技術の進歩と相まって，誘電性，磁性，金属性など多種多様な相転移の光制御が実際に可能となりつつあることを具体例に基づいて紹介させていただいた．

光誘起構造相転移は，「状態エネルギーの多重安定性」に基づく微弱な光励起による巨大な物性変化という面白さに加えて，非平衡状態での現象特有の「相転移ダイナミクス」という視点からの大きな魅力を持っている．これが広く物理や化学など基礎分野から各種デバイス開発の研究者まで多くの研究者の関心を集めている理由であり，そして最新の量子ビーム技術を駆使した新観測法が，この視点での「光誘起相転移」研究の魅力を倍増させていることを感じていただけたとすれば著者のこれに勝る喜びはない．今日の光技術は，超短パルス光の中心波長を幅広い波長領域で設定しつつ，偏光も，円偏光を用いて角運動量の変化を制御することすら可能としつつある．このため，様々な種類の（相転移の原因となる）協力的相互作用の大きさとそれに対応する素励起のエネルギーに，超短パルス励起の中心波長を共鳴させることが可能である．実際に，特定のフォノンモードの励起による，絶縁体–金属相転移の制御，励起波長の選択による光誘起相転移の方向性の制御などすら報告されていることは導入部で紹介したとおりである．さらに，圧力，磁場，温度などを変化させる平衡状態における通常の相図には表れない，「隠れた物質相 (hidden phase)」が，ピコ秒 (ps: 10^{-12} s) 程度の極短時間ではあるが出現すること，その構造の同定が新観測技術で可能であることも述べてきた．まさに光励起前の秩序の消失と新しい秩序化の過程で生ずる，特定エネルギー状態のみを選択的に利用する非平衡物理学の問題が，光・量子ビーム技術と物質科学の 2 人 3 脚ともいえる協力の結果として我々の目の前に登場したと言えよう．

それでは，このような光誘起構造相転移研究の今後の方向性はどうなると期待されるのであろうか？超高速な構成原子位置の研究によってその究極的姿が明らかとなるのであろうか？もちろん物性の敏感かつ超高速の変化は，情報の高密度・高速処理のための光デバイスへの応用上も魅力的な課題であり続けるであろう．また構造変化であることを活かした，誘電性変化との組み合わせ（光誘起マルチフェロイックなどの用語で呼ばれつつある）も，新物質開発の魅力的な目標の 1 つとして，今後も多くの研究者を引き付ける課題である．以下はもちろん私見であることはご注意いただきたい．しかしながら，光誘起相転移全体を見渡せば，固体内での電子密度分布（ないし電子軌道の形）の超高速変化（できればそのスピン偏極分布も含めて）を実際に原子スケールでの局所変化も含めてとらえ，理論予測との比較を試みることなしには，究極的ミクロメカニズムの解明とはならないことも，また事実であろう．この究極的目標の達成のためには，光電子分光，単分子イメージングも含めた，新しい原子スケールでの超高速電子イメージング技術の発展がそのカギを握っている．この点でまさに今，原理検証も含めた世界的な大競争が，実験室サイズでの新型レーザーから巨大加速器利用の自由電子レーザーまで，様々なスケールで始まっている．

このような実験面での研究の進展とともにその重みが増してくるのが理論面での課題である．光誘起相転移の初期ダイナミクス解明に向けて，そのミクロメカニズムの解析はもちろん重要な課題である．ところが一方で，光誘起相転移の全体像を把握し，そのダイナミクスの行きつく先を予測するにあたっては，現在のところ断熱エネルギーポテンシャル曲面からの推定に頼っているのが現実である．今後，光誘起相転移の時間発展を統一的に把握するための物理的指針（例えば平衡状態でのエントロピーに相当するような概念）の理論面からの提案，チャレンジが強く希求されると予測している.

読者諸氏が現在のミクロ・超高速イメージング科学分野で起きている様々な試みを眺め，非平衡状態の新物質科学に向けた悪戦苦闘をご覧いただくきっかけを本書がもたらすことを期待しつつ，筆を置くこととしたい.

謝辞

本書に含まれる研究内容は，著者2名の長年の共同研究の結果が大部分であり，共同研究を支えていただいた国内外の多くの方々，とりわけ研究室で常に新しい分野を追い求める苦労を共にしていただいた，石川忠彦助教（東工大），沖本洋一准教授（東工大），恩田健博士(JST)，学生諸君にまずお礼を申し上げる．また新しい分野を切り開こうという熱意を持って，私の緩慢な研究の進め方に活を入れ続けてくださった岡本博教授（東京大学），田中耕一郎教授（京都大学），小川哲生教授（大阪大学），橋本秀樹教授（大阪市立大），岩佐義宏教授（東京大学），五神（桑田）真教授（東京大学），高木英典教授（東京大学）をはじめ，「昔の若手」のみなさまに改めてお礼を申し上げる．

光誘起相転移研究開始のきっかけ，動機づけは，十倉好紀教授（東京大学），国府田隆夫教授（東京大学），三谷忠興教授（分子研，北陸先端大），豊沢豊教授（東京大学，中央大），那須圭一郎教授（KEK 物構研），花村栄一教授（東京大学，千歳工科大），永長直人教授（東京大学），谷村克己教授（名古屋大，大阪大），小林孝嘉教授（東京大学）（所属はいずれも当時のもの）らの諸先生から，優れたそして厳格な指導や様々な助言をいただく過程での議論から生み出されたものである．

概念的に新しい物性研究の場合は，常に実例を生み出すことが大きな壁となる．光誘起相転移分野もその例外ではなく，この壁の突破に当たって竹田研爾博士（日本合成ゴム），斉藤軍治教授（京都大学，名城大学），矢持秀起教授（京都大学）をはじめ，関連研究室のみなさまなど化学分野の先生方のご協力が重要な鍵となった．また新分野開拓では，幅広い視点での基礎研究の俯瞰に基づく理論研究が原動力となる．前述の那須圭一郎教授（KEK 物構研），花村栄一教授（東京大学，千歳工科大），小川哲生教授（大阪大学），永長直人教授（東京大学）に加え，米満賢治教授（分子研，中央大），石原純夫教授（東北大），岩野薫講師（KEK 物構研）らとの共同研究がこのための力強い先導役となった．

理論分野のみなさまのご協力，ご援助に改めて心よりの感謝を申し上げる．

動的構造科学との結びつきも含めた光誘起相転移研究の世界的な展開へ向けた最初の一歩は，H.Cailleau 教授（フランス レンヌ大学），M.H.Lemee-Cailleau 博士（フランス，CNRS・レンヌ大），E.Collet 教授（フランス レンヌ大学），足立伸一教授（KEK 物構研），野澤俊介准教授（KEK 物構研），河田洋教授（KEK 物構研），松下正教授（KEK 物構研）をはじめ，日・欧の関係各位の協力なくしてはあり得なかった．この場をお借りして感謝申し上げる．両筆者にとって，まさに人生の出会いの醍醐味ともいえる得難い経験であった．加えて，この国際交流に際して基礎科学・学術交流事業としてご援助いただいた，新エネルギー・産業技術総合開発機構 (NEDO)，日本学術振興会 (JSPS)，科学技術振興機構 (JST)，さらには客員教授などの交流の便を図っていただいた東京工業大学当局にお礼を申し上げる．

光誘起相転移とその関連分野という新研究領域開拓にあたって，日本学術振興会・科研費に始まり，神奈川科学技術アカデミー（当時の理事長は長倉三郎先生と藤嶋昭先生），科学技術振興機構 (JST) の戦略的創造研究推進事業プロジェクトとして多大なご援助をいただいたことも，本分野の飛躍的発展の重要な要因である．改めて関係のみなさまへの感謝を申し上げると同時に，このような心意気に溢れた新分野育成システムが，今後の日本を支えてゆくためにも，是非末永く継続いただきたいと願うものである．

最後に本書の執筆を辛抱強くお待ちいただいたシリーズ編集委員会の須藤彰三先生，岡真先生，編集制作部の島田誠氏をはじめとするみなさま，そしていつも研究ばかり考えている私達を支えてくれた家族に感謝するとともに，若い世代の皆さんに本書が少しでも参考になることを願いつつ，筆を置くこととしたい．

参考文献

[1] 田崎晴明著，統計力学 I・II 新物理学シリーズ 37・38（培風館，2008）.

[2] Y. Toyozawa, J. Phys. Soc. Jpn 50 (1981) 1861.

[3] E. Hanamurqa and N. Nagaosa, J. Phys. Soc. Jpn. 56 (1987) 2080.

[4] K. Nasu, ed., “Relaxation of Excited States and Photo-Induced Phase Transition”, Springer Series in Solid-State Sciences 124 (Springer 1997).

[5] 篠塚雄三，吉田博 編：固体物理別冊特集号「電子励起による非平衡固体ダイナミックス」（1993，アグネ技術センター）.

[6] 腰原ら，固体物理 44 (2009) 293.

[7] “Photo-induced Phase Transition” ed. by S. Koshihara and M. K.-Gonokami, Special Topics in Journal of the Physical Society of Japan 75 (2006).

[8] K. Nasu ed. “Photoinduced Phase Transition,” (World Scientific, Singapore, 2004).

[9] K. Nasu, H. Ping and H. Mizouchi, J. Phys.: Condens. Matter 13 (2001) R693.

[10] S. Koshihara: Optical Properties of Low-Dimensional Materials, eds. T. Ogawa and Y. Kanemitsu, (World Scientific, Singapore, 1998) Vol. 2 Chap. 3 p.129 and references cited therein.

[11] 鹿児島誠一編著:「物性科学選書低次元導体 （改訂改題）」（裳華房，2000）.

[12] 那須圭一郎 編：固体物理別冊特集号「光物性，電子格子相互作用」（1987，アグネ技術センター）.

[13] 恩田健，腰原伸也，矢持秀記 「強い電子格子相互作用をもつ有機結晶の多彩な光誘起ダイナミクス」，日本物理学会誌 69 (2014) 531.

[14] 白川英樹，山邊時雄 編：化学増刊 87「合成金属」（化学同人 1980）.

[15] “Spin Crossover in Transition Metal Compounds I–III”, ed. by P. Gütlich

and H. A. Goodwin, Topics in current chemistry 233–235, (Springer 2004), 特に光誘起スピンクロスオーバー効果に関する研究創始者による総説が以下のページにある．A. Hauser，同 II 巻，p155.

[16] 平尾一之，邱建栄 編：「フェムト秒テクノロジー【基礎と応用】」（化学同人 2006）.

[17] 中山正昭 著：「半導体の光物性」（コロナ社，2013）.

[18] L. Allen, M. W. Beijersbergen, R. J. C. Spreeuw, and J. P. Woerdman, Phys. Rev. A 45 (1992) 8185.

[19] K. Nasu, Rep. Prog. Phys. 67 (2004) 1607.

[20] 那須奎一郎 「科学」（岩波書店，2000 年）第 70 巻，No. 2，146.

[21] R. G. Palmer, Adv. Phys. 31 (1982) 669.

[22] Y. Toyozawa, Solid State Commun. 84 (1992) 255.

[23] N. Nagaosa and T. Ogawa, Phys. Rev. B 39 (1989) 4472.

[24] M. Kuwata-Gonokami, et al., Nature 367 (1994) 47.

[25] 腰原伸也，「有機・無機化合物における光誘起協力現象—π 共役ポリマー：ポリジアセチレンを例として—」，表面科学 23 (2002) 664.

[26] Y. Ogawa, et al., Phys. Rev. Lett. 84 (2000) 3181.

[27] Y. Ogawa, T. Ishikawa, S. Koshihara, K. Boukheddaden, and F. Varret, Phys. Rev. B 66 (2002) 073104.

[28] 山口兆，吉岡泰規，中野雅由，長尾秀実，奥村光隆 編：「物性量子化学入門」（講談社サイエンティフィック，2004）.

[29] K. Yonemitsu, N. Maeshima Phys. Rev. B 76 (2007) 075105.

[30] K. Onda, et al., Phys Rev. Lett. 101 (2008) 067403.

[31] K. Ichimura, Chem. Rev. 100 (2000) 1847.

[32] M. Kondo, Y. Yu, and T. Ikeda, Angew. Chem. 118 (2006) 1406.

[33] M. Yamada, M. Kondo, J. Mamiya, Y. Yu, M. Kinoshita, C. J. Barrett, and T. Ikeda Angew. Chem. Int. Ed. 47 (2008) 4986.

[34] K. Fukuhara, S. Nagano, M. Hara, and T. Seki, Nature Communications 5 (2014) 3320.

[35] 五神 真・十倉好紀・永長直人 編集，固体物理 46(2011) 特集号　動的光物性の新展開.

[36] 山口真，小川哲生，日本物理学会誌 69 (2014) 386.

[37] 津田惟雄，那須奎一郎，藤森 淳，白鳥紀一 共著：「物性科学選書 電気伝導性酸化物（改訂版）」（裳華房，1993）．

[38] 固体物理特集号「巨大磁気伝導の新展開」固体物理 32，No4 (1997)（アグネ技術センター）．

[39] Y. Tokura, K. Ishikawa, T. Kanetake, and T. Koda, Phys. Rev. B 36 (1987) 2913.

[40] S. Koshihara, Y. Tokura, K. Takeda, and T. Koda, Phys. Rev. Lett. 68 (1992) 1148.

[41] S. Koshihara, Y. Tokura, K. Takeda T. Koda, and A. Kobayashi, J. Chem. Phys. 92 (1990) 7581.

[42] H. S. Nalwa, Advanced Materials 5 (1993) 341.

[43] S. Koshihara, Y. Tokura, K. Takeda, and T. Koda, Phys. Rev. B 52 (1995) 6265.

[44] H. Tanaka, M. A. Gomez, A. E. Tonelli, and M. Thakur, Macromolecules 22 (1989) 1208.

[45] 岩井伸一郎 著：「多電子系の超高速光誘起相転移—光で見る・操る・強相関電子系の世界—」（基本法則から読み解く物理学最前線 12）（共立出版，2016）．

[46] J. B. Torrance, et al., Phys. Rev. Lett. 47 (1981) 1747–1750.

[47] Y. Tokura, et al., Phys. Rev. Lett. 63 (1989) 2405.

[48] T. Luty, et al., Europhys. Lett. 59 (2002) 619.

[49] Y. Ogawa, et al.,Phys. Rev. Lett. 84 (2000) 3181.

[50] Y. Tokura, T. Koda, T. Mitani, and G. Saito Solid State Commun. 43 (1982) 757.

[51] Y. Tokura, T. Koda, G. Saito, and T. Mitani J. Phys. Soc. Jpn. 53 (1984) 4445.

[52] A. Girlando, F. F. Marzola, C. Pecile, and J. B. Torrance J. Chem. Phys. 79 (1983) 1075.

[53] Y. Tokura, et al., Mol. Cryst. Liq. Cryst. 125 (1985) 71.

[54] S. Horiuchi, Y. Okimoto, R. Kumai, and Y. Tokura J. Phys. Soc. Jpn. 69 (2000) 1302.

[55] C. Itoh and S. Fukuda Phys. Status Solidi C 3 (2006) 3446.

[56] S. Koshihara, Y. Tokura, T. Mitani, G. Saito, and T. Koda Phys. Rev. B 42 (1990) 6853.
[57] S. Koshihara, Y. Takahashi, H. Sakai, Y. Tokura, and T. Luty J. Phys. Chem. B 103 (1999) 2592.
[58] Y. Matsubara, et al., J. Phys. Soc. Jpn. 80 (2011) 124711.
[59] T. Suzuki, T. Sakamaki, K. Tanimura, S. Koshihara, and Y. Tokura Phys. Rev. B 60 (1999) 6191.
[60] S. Iwai, et al., Phys. Rev. Lett. 88 (2002) 057402.
[61] K. Tanimura Phys. Rev. B 70 (2004) 144112.
[62] H. Okamoto, et al., Phys. Rev. B 70 (2004) 165202.
[63] S. Iwai, et al., Phys. Rev. Lett. 96 (2006) 057403.
[64] H. Uemura and H. Okamoto Phys. Rev. Lett. 105 (2010) 258302.
[65] M. Mikami, M. Konno, and Y. Saito Acta Cryst. B 36 (1980) 275.
[66] P. Gütlich, A. Hauser, and H. Spiering Angew. Chem. 33 (1994) 2024.
[67] 小川佳宏，腰原伸也，浦野千春，高木英典，日本物理学会誌，55 (2000) 357.
[68] A. Hauser J. Chem. Phys. 94 (1991) 2741.
[69] K. Koshino and T. Ogawa J. Phys. Soc. Jpn. 68 (1999) 2164.
[70] O. Sakai, T. Ogawa, and K. Koshino, J. Phys. Soc. Jpn. 71 (2002) 978.
[71] S. Miyashita, et. al, Prog. Theor. Phys. 114 (2005) 719.
[72] R. Bertoni et al. Nature Materials 15 (2016) 606.
[73] 足立伸一ら，応用物理 73 (2004) 725. G. Sciaini and R. J. D Miller, Rep. Prog. Phys. 74 (2011) 096101.
[74] M. Chergui and A. H. Zewail, Phys. Chem. Chem. Phys. 10 (2009) 28.
[75] P. Baum and A. H. Zewail, Proc. Natl Acad. Sci. USA 103 (2006) 16105.
[76] R. K. Raman et al. Phys. Rev. Lett. 101 (2008) 077401.
[77] M. Eichberger, et al. Nature 468 (2010) 799.
[78] T. VanOudheusden et al. Phys. Rev. Lett. 105 (2010) 264801.
[79] J. B. Hastings et al. Appl. Phys. Lett. 89 (2006) 184109.
[80] S. Tokita, et al. Phys. Rev. Lett. 105 (2010) 215004.
[81] Y. Murooka et al. Appl. Phys. Lett. 98 (2011) 251903.
[82] G. H. Kassier et al. Appl. Phys. B 109 (2012) 249.
[83] A. Rousse et al. Nature 410 (2001) 65.

[84] K. Sokolowski-Tinten et al., Nature 422 (2003) 287.
[85] A. Cavalleri, M.Rini and R.W.Schoenlein, J. Phys. Soc. Jpn 75 (2006) 011004.
[86] P. Beaud et al. Phys. Rev. Lett. 103 (2009) 155702.
[87] P. Beaud et al., Nature Materials 13 (2014) 923.
[88] D. Milathianaki et al., Science 342 (2013) 220.
[89] M. Dell'Angela et al., Science 339 (2013) 6125.
[90] Y. Takahashi et al., Nano Letters 13 (2013) 6028.
[91] T. Katayama et al., Appl. Phys. Lett. 103 (2013) 131105.
[92] R. Xu et al., Nature Com. 5 (2014) 5061.
[93] M. C. Newton et al., Nano Letters 5 (2014) 2413.
[94] E. Collet et al., Science 300 (2003) 612.
[95] L. Gue é rin, et al., Phys. Rev. Lett. 105 (2010) 246101.
[96] K. Miyano, T. Tanaka, Y. Tomioka, and Y. Tokura, Phys. Rev. Lett. 78 (1997) 4257.
[97] H. Ichikawa et al., Nature Materials 10 (2011) 101.
[98] D. Jerome and H. J. Schulz, Advances in Physics 51 (2002) 293.
[99] "Organic Superconductors" 2nd ed., ed. by T. Ishiguro, K. Yamaji, and G. Saito, Springer-Verlag, Berlin-Heiderberg (1998).
[100] K. Bechgaard, C. S. Jacobsen, K. Mortensen H. J. Pedersen and N. Thorup, Solid State Commun. 33 (1980) 1119.
[101] H. Taniguchi et. al., J. Phys. Soc. Jpn. 72 (2003) 468.
[102] Y. Shimizu, K. Miyagawa, K. Kanoda, M. Maesato and G. Saito, Phys. Rev. Lett. 91 (2003) 107001.
[103] P. Monceau, F. Ya. Nad and S. Brazovskii, Phys. Rev. Lett. 86 (2001) 4080.
[104] H. Matsui et al., J. Phys. Soc. Jpn. 70 (2001) 2501.
[105] J. E. Hirsch and D. J. Scalapino, Phys. Rev. Lett. 50 (1983) 1168.
[106] K. Penc and F. Mila, Phys. Rev. B 49 (1994) 9670.
[107] D. Schmeltzer and A. Bishop, Phys. Rev. B 59 (1999) 4541.
[108] H. Seo and H. Fukuyama, J. Phys. Soc. Jpn. 66 (1997) 1249.
[109] M. Kuwabara, H. Seo, and M. Ogata J. Phys. Soc. Jpn. 72 (2003) 225.

[110] K. C. Ung, S. Mazumdar, and D. Toussaint Phys. Rev. Lett. 73 (1994) 2603.

[111] S. Koshihara, Y. Tokura, Y. Iwasa, and T. Koda, Phys. Rev. B 44 (1991) 431(R).

[112] H. Okamoto, et al., Phys. Rev. Lett. 96 (2006) 037405.

[113] H. Okamoto, H. Matsuzaki, T. Wakabayashi, Y. Takahashi, and T. Hasegawa Phys. Rev. Lett. 98 (2007) 037401.

[114] S. Wall, et al.: Nat. Phys. 7 (2011) 114.

[115] N. Tajima, et al.: J. Phys. Soc. Jpn. 74 (2005) 511.

[116] S. Iwai, et al.: Phys. Rev. Lett. 98 (2007) 097402.

[117] S. Iwai: J. Lumi. 131 (2011) 409.

[118] T. Ishikawa, et al.: Phys. Rev. B 80 (2009) 115108.

[119] N. Fukazawa, et al.: J. Phys. Chem. C 117 (2013) 074721.

[120] A. Ota, H. Yamochi and G. Saito: J. Mater. Chem. 12 (2002) 2600.

[121] O. Drozdova, K. Yakushi, A Ota, H Yamochi, and G Saito: Syntetic Metals 133–134 (2003) 277.

[122] O. Drozdova, et al.: Phys. Rev. B 70 (2004) 075107.

[123] S. Aoyagi, et al., Angew Chem. 116 (2004) 3756.

[124] 矢持 秀起，齋藤 軍治，固体物理，41 (2006) 178.

[125] M. Chollet, et al. Science 307 (2005) 86.

[126] M. Ishikawa, et al., Eur. J. Inorg. Chem. 2014(24), (2014) 3941.

[127] T. Shirahata, et al., J. Am. Chem. Soc., 134 (2012) 13330.

[128] K. Yonemitsu, N. Maeshima, Phys. Rev. B 76 (2007) 075105.

[129] N. Fukazawa, et al. J. Phys. Chem. C 116 (2012) 340.

[130] Y. Matsubara et al. Phys. Rev. B 89 (2014) 161102 (R).

[131] K. Onda, H. Yamochi and S. Koshihara, Acc. Chem. Res. 47 (2014) 3494. DOI: 10.1021/ar500257b.

[132] M. Gao, et al. Nature 496 (2013) 343.

索　引

MEMO

著者紹介

腰原伸也（こしはら　しんや）

1983 年　東京大学・理学部卒業
1986 年　同大・理学系研究科・博士課程中退
1986 年　東京大学・理学部　助手
1991 年　理化学研究所・フォトダイナミクス研究センター　研究員
1991 年　理学博士号 取得（東京大学・理学部）
1993 年　東京工業大学　助教授
2000 年　東京工業大学理工学研究科　教授
2016 年-現在　東京工業大学理学院　教授
専　門　半導体光物性，光誘起協力現象（光誘起相転移）
趣　味　音楽，散歩，鉄道旅行
受賞歴　2014 年　フンボルト賞，文部科学大臣表彰（科学技術分野）

TADEUSZ MICHAŁ LUTY
（タデウシュ　ミハエル　ルーティー）

1965 年　ブロツワフ工科大　化学科（ポーランド共和国）修士修了
1968 年　同大・PhD取得，同大・講師
1972 年　同大・助教
1974 年　同大・准教授
1980 年　同大・物理化学部門・教授
1987 年　同大・副学長
この間，ヤギロニアン大学，エディンバラ大，ナイメーヘン大，ネブラスカ大，リール大，レンヌ大，コロラド州立大，分子研の客員研究員，客員教授を歴任
2002 年　同大・学長
2013 年　同大・名誉教授
2016 年-現在　ブロツワフ市アカデミックハブ・ヨーロッパアカデミックハブ　ディレクター
専　門　分子固体の構造ダイナミクス，各種相転移ダイナミクスの理論
趣　味　テニス，ガーデニング
受賞歴　2008 年 Nicolas Copernicus Medal（ポーランド科学アカデミー），1996 年 The J. Zawidzki's Medal（ポーランド化学会）

基本法則から読み解く 物理学最前線 11

光誘起構造相転移
光が拓く新たな物質科学

Photo-induced Structual Phase Transition —Open the door to a new world of Materials—

2016 年 10月 15 日　初版 1 刷発行

著　者　腰原伸也
Tadeusz Michał Luty

監　修　須藤彰三
岡　真

発行者　南條光章

発行所　**共立出版株式会社**
東京都文京区小日向 4-6-19
電話　03-3947-2511（代表）
郵便番号　112-0006
振替口座　00110-2-57035
URL http://www.kyoritsu-pub.co.jp/

印　刷
製　本　藤原印刷

一般社団法人
自然科学書協会
会員

検印廃止
NDC 425.5

ISBN 978-4-320-03531-7

Printed in Japan